高等学校应用型特色规划教材

UG NX 10.0 项目式教程

黄爱华　郭检平　主　编

陈　莛　李春玲　刘天祥　副主编

清华大学出版社

北　京

内 容 简 介

UG NX 是一款具有优良性能的、集成度高的 CAD/CAM/CAE 综合应用软件，其功能覆盖产品的整个开发和制造等过程，被广泛地应用于航空航天、汽车制造、造船、通用机械、电子、玩具、模具加工等行业领域。

本书从实用、够用角度出发，由浅入深地将 UG NX 10.0 软件的零件设计、装配设计等模块分成 13 个项目进行讲解，对相关知识进行了合理、严谨的编排，以帮助读者快速入门和提高。

本书适用于高职类或中职类院校学生和广大的初、中级 UG 用户阅读，也可作为培训教材。

图书在版编目(CIP)数据

UG NX 10.0 项目式教程/黄爱华，郭检平主编. —北京：清华大学出版社，2020.1 (2024.6重印)
高等学校应用型特色规划教材
ISBN 978-7-302-53737-3

Ⅰ.① U… Ⅱ.①黄… ②郭… Ⅲ.①计算机辅助设计—应用软件—高等学校—教材 Ⅳ.①TP391.72

中国版本图书馆 CIP 数据核字(2019)第 189428 号

责任编辑：杨作梅
装帧设计：李 坤
责任校对：周剑云
责任印制：刘 菲

出版发行：清华大学出版社
　　网　　址：https://www.tup.com.cn, https://www.wqxuetang.com
　　地　　址：北京清华大学学研大厦 A 座　　邮　　编：100084
　　社 总 机：010-83470000　　邮　　购：010-62786544
　　投稿与读者服务：010-62776969, c-service@tup.tsinghua.edu.cn
　　质量反馈：010-62772015, zhiliang@tup.tsinghua.edu.cn
　　课件下载：https://www.tup.com.cn, 010-62791865
印 装 者：三河市龙大印装有限公司
经　　销：全国新华书店
开　　本：185mm×260mm　　印　张：18　　字　数：436 千字
版　　次：2020 年 1 月第 1 版　　印　次：2024 年 6 月第 3 次印刷
定　　价：59.00 元

产品编号：074982-01

前　言

UG NX 是一款具有优良性能的、集成度高的 CAD/CAM/CAE 综合应用软件，其功能覆盖产品的整个开发和制造等过程，包括外观造型设计、建模、装配、工程制图、模拟分析、制造加工等，被广泛地应用于航空航天、汽车制造、造船、通用机械、电子、玩具、模具加工等行业领域。

本书以 UG NX 10.0 软件为基础，详细介绍了零件设计、装配设计等方面的内容。本书共有 13 个教学项目，每个项目大体包含项目描述、知识目标和技能目标、实施过程、知识学习、拓展练习等环节。项目 1 绘制垫片草图主要介绍 UG NX 的草图创建步骤、草图编辑等应用操作；项目 2 绘制手柄草图主要介绍草图进阶操作和约束的使用；项目 3 创建组合体零件主要介绍拉伸特征的创建过程；项目 4 创建轴类零件主要介绍旋转特征的创建过程；项目 5 创建方向盘零件主要介绍扫掠命令的使用方法；项目 6 创建支架曲线主要介绍 NX 10.0 中创建曲线的方法；项目 7 创建玻璃杯零件主要介绍依据点、直纹、通过曲线组、扫掠等创建曲面的方法；项目 8 创建可乐瓶底主要介绍通过曲线网格、艺术曲面和 N 边曲面等创建曲面的方法；项目 9 创建汽车模型主要介绍使用空间曲线创建曲面的方法，并对创建的曲面进行编辑和操作；项目 10 创建方盒零件主要介绍工程特征等应用操作；项目 11 创建罩和电话听筒零件主要介绍孔特征、阵列特征、镜像特征、特征操作和特征编辑等综合应用；项目 12 创建滚动轴承装配主要介绍装配设计基本操作；项目 13 创建组装体装配主要介绍组件的编辑，如镜像装配、阵列组件、替换组件等操作。本书采用项目式教学方式，充分体现了"教学合一"的思想，可以让读者"从做中学"，加深对 UG 功能的理解，变被动接受知识为主动使用知识。

本书提供了充足的典型零件设计范例和练习题，读者通过对范例操作的学习和大量练习题的演练后，不仅能掌握 UG NX 软件各项功能的使用方法和技巧，而且能够逐步形成三维零件设计思路，为今后的工作实践打下良好基础。

本书由江西工业工程职业技术学院黄爱华、郭检平担任主编，江西工业工程职业技术学院的陈莛、李春玲、刘天祥、夏源渊、孙桂爱、刘春雷等参与了本书的编写工作。由于写作的时间仓促和编者水平有限，如有错误、遗漏之处，恳请读者批评指正。

编　者

目　　录

项目 1 绘制垫片草图

1.1 项 目 描 述

草图是 UG 建模中建立参数化模型的重要工具，是三维实体建模的基础，只要通过实体造型工具对草图进行拉伸、旋转、扫掠等操作，就可生成与草图相关的实体模型；当修改草图时，所关联的实体模型也会做出相应的更新。本项目主要是通过绘制两个垫片草图来介绍 UG NX 中的草图创建步骤、草图编辑、草图约束等应用操作。

1.2 知识目标和技能目标

知识目标

1. 掌握草图绘制的操作步骤和技巧。
2. 掌握几何图元的绘制命令及操作技巧。
3. 掌握几何图元的约束设置及尺寸标注方法。
4. 能够对几何图元进行编辑以达到设计要求。

技能目标

具备绘制简单二维草图的能力。

1.3 实 施 过 程

绘制如图 1.1 所示的垫片草图。

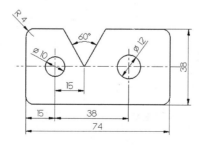

图 1.1 垫片草图

1. 启动 NX 10.0 软件

依次在 Windows 系统中选择"开始"|"所有程序"| Siemens NX 10.0 | NX 10.0 命令，

启动 NX 10.0 软件，如图 1.2 所示；或直接用鼠标双击桌面上的 NX 10.0 快捷方式图标，也可启动 NX 10.0 软件，如图 1.3 所示。

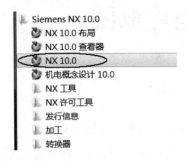

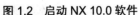

图 1.2　启动 NX 10.0 软件　　　　　　　　　**图 1.3　快捷方式图标**

2. 新建文件

在菜单栏中选择"文件"|"新建"命令，或单击"新建"按钮□，系统弹出如图 1.4 所示的"新建"对话框，在"名称"栏中选取"模型"选项，在"新文件名"下的"名称"文本框中输入"垫片.prt"，再单击"确定"按钮，进入 UG 主界面。

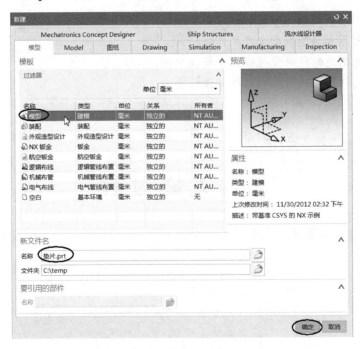

图 1.4　"新建"对话框

3. 创建草图

单击"主页"选项卡中的"草图"按钮，或选择"菜单"|"插入"|"草图"命令，如图 1.5 所示，系统弹出如图 1.6 所示的"创建草图"对话框，系统默认选择 XY 平面作为草图绘制平面，单击对话框中的"确定"按钮，进入草图环境中。

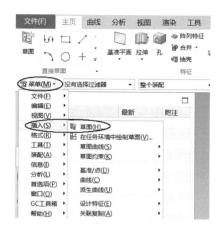

图 1.5　选择"草图"命令　　　　　图 1.6　"创建草图"对话框

1) 绘制圆角矩形

单击"直接草图"组中的"矩形"按钮 □，打开"矩形"工具条，如图 1.7 所示。使用两点方式绘制矩形，在绘图区拾取坐标原点，绘制如图 1.8 所示的 74×38 矩形，单击鼠标左键确认。

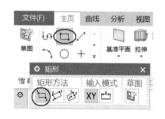

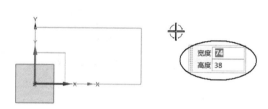

图 1.7　"矩形"工具条　　　　　　图 1.8　绘制矩形

2) 绘制三条中心线

(1) 单击"直接草图"组中的"直线"按钮 ∕，绘制一条经过矩形侧边中点的直线，单击鼠标左键确认，如图 1.9 所示。

(2) 单击"直接草图"组中的"直线"按钮 ∕，绘制两条与矩形中心线相垂直，两线相距"38"直线，其中第一条直线的起点为(15,29)，长度为"20"，角度为"270"，单击鼠标左键确认，如图 1.10 所示；第二条直线的起点为(53,29)，长度为"20"，角度为"270"，单击鼠标左键确认。按键盘上的 Esc 键或单击鼠标中键退出直线命令，如图 1.11 所示。

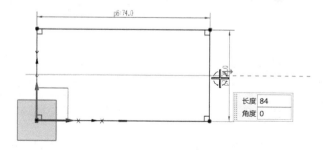

图 1.9　绘制水平直线

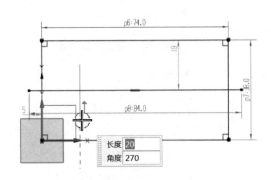

图 1.10　绘制第一条垂直线

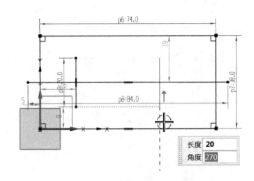

图 1.11　绘制第二条垂直线

(3)　在绘图区单击鼠标左键拾取三条直线，如图 1.12 所示；再单击鼠标右键，在弹出的快捷菜单中，选择"转换为参考"命令，如图 1.13 所示，将三条直线转换为中心线，如图 1.14 所示。

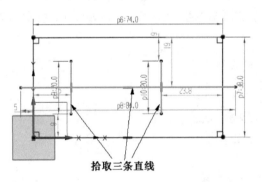

拾取三条直线

图 1.12　拾取三条直线

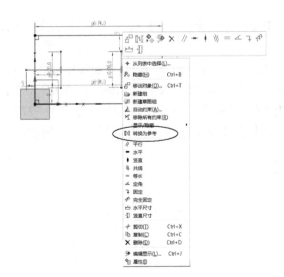

图 1.13　选择"转换为参考"命令

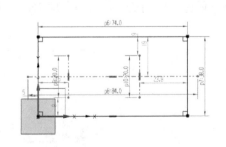

图 1.14　直线变为中心线

3)　绘制两圆

单击"圆"按钮○，在中心线交点上绘制直径分别为"10"和"12"的圆，如图 1.15 和图 1.16 所示。

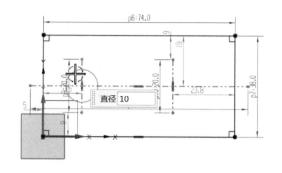

图 1.15　绘制直径为 10 的圆　　　　图 1.16　绘制直径为 12 的圆

4)　绘制缺口线

(1)　单击工具栏中的"直线"按钮╱，在大概的位置上绘制两条相交直线，两端点位于矩形上边线，交点在中心线上。单击鼠标中键结束命令，如图 1.17 所示。

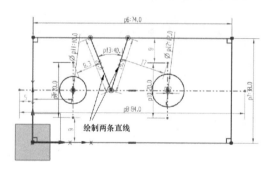

图 1.17　绘制两条相交直线

(2)　双击角度尺寸，将尺寸值改为"60"，单击鼠标中键确认修改，如图 1.18 所示。

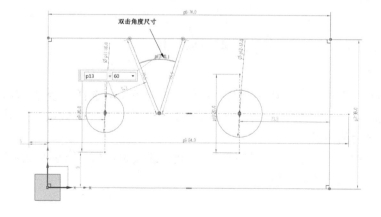

图 1.18　修改角度尺寸

(3) 单击"快速标注"按钮 ，分别选取两条直线，单击鼠标左键拾取放置位，输入角度值"60"，单击鼠标中键确认，如图 1.19 所示。

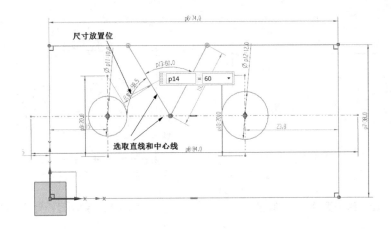

图 1.19　标注角度尺寸

(4) 分别拾取两点，再单击鼠标左键拾取放置位，输入距离值"15"。单击鼠标中键确认，如图 1.20 所示。

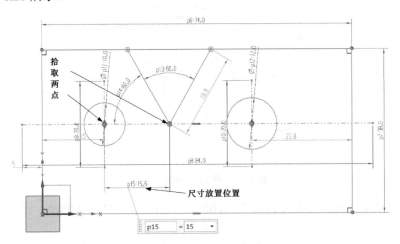

图 1.20　标注线性尺寸

5) 倒圆角

单击"倒圆角"按钮 ，在弹出的"圆角"工具条中再选择"修剪"功能 ，将倒圆角半径设置为"4"，依次将矩形的四个角倒圆角，单击鼠标中键确认，如图 1.21 所示。

6) 删除多余的线条

单击工具栏中的"快速删除"按钮 ，在删除线段附近按住鼠标左键画线，如图 1.22 所示，与之相交的线段就会被删除。

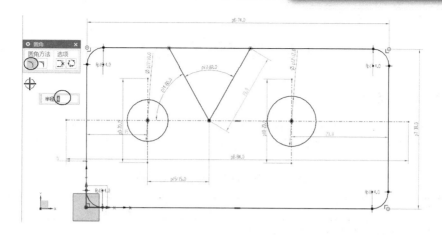

图 1.21　倒圆角

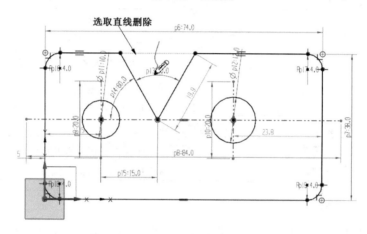

图 1.22　删除多余的线段

7)　完成草图并退出

单击"完成草图"按钮，在菜单栏中选择"文件"|"保存"|"保存"命令，如图 1.23
所示，完成草图"垫片.prt"的绘制，如图 1.24 所示。

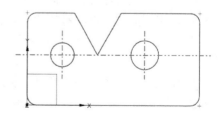

图 1.23　保存文件　　　　　　　　　　　　**图 1.24　垫片草图**

1.4 知识学习

1. 鼠标按键的使用

鼠标在 UG NX 10.0 中的应用频率非常高,而且功能强大,可以实现对象的平移、缩放、旋转、弹出快捷菜单等操作。建议使用滚轮鼠标,表 1.1 列出了三键滚轮鼠标的功能应用。

表 1.1　三键滚轮鼠标的功能应用

鼠标按键	作　用	操作说明
左键	用于选择菜单条、快捷菜单和工具条等对象	直接单击
中键	放大或缩小	按下"Ctrl+中键"或者"左键+中键"并移动鼠标,或者滚动中键可将模型放大或缩小
	平移	按下"Shift+中键"或者"中键+右键"并移动鼠标,即可将模型向鼠标移动的方向平移
	旋转	按下中键保持不放并移动鼠标,可旋转模型
右键	弹出快捷菜单	直接单击右键
	弹出推断式菜单	选择任意一个特征单击右键并保持
	弹出悬浮式菜单	在绘图区空白处单击右键并保持

2. 几何图元的绘制

几何图元包括直线、矩形、圆、圆弧、样条曲线、点、文字、调色板等类型,它们的绘制方法都十分相似,都是在选择图元绘制命令后,在绘图区单击确定图元的起始和中间位置,然后单击鼠标中键确认,从而完成图元的绘制。

建立草图工作平面后,可在草图工作平面上建立草图对象。建立草图对象的方法有多种,既可以在草图中直接绘制草图曲线或点,也可以通过一些功能将绘图工作区存在的曲线或点添加到草图中,还可以从实体或片体上抽取对象到草图中,"草图工具"命令面板如图 1.25 所示。

1) 轮廓

使用轮廓命令 ∿ 可以通过串联模式创建一系列相连的直线和圆弧,即上一条曲线的终点作为下一条曲线的起点。下面以图 1.26 所示的草图为例来说明轮廓的创建。

(1) 单击工具栏中的轮廓按钮 ∿,将鼠标指针移动到原点,捕捉原点作为直线的起点,输入长度值为"60",角度值为"0",在水平位置拾取一点,绘制第一条直线,如图 1.27 所示。

(2) 将鼠标指针垂直向下移动,输入长度值为"30",角度值为"270",按键盘上的 Enter 键,绘制第二条直线,如图 1.28 所示。

图 1.25　"草图工具"命令面板

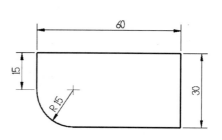

图 1.26　轮廓命令绘制草图

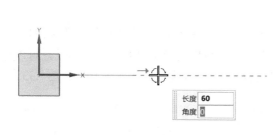

图 1.27　绘制第一条直线

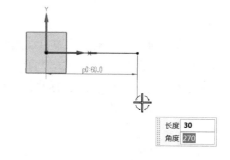

图 1.28　绘制第二条直线

(3) 将鼠标指针水平向左移动，输入长度值为"45"，角度值为"180"，按键盘上的 Enter 键，绘制第三条直线，如图 1.29 所示。

(4) 切换到圆弧模式，输入圆弧半径值为"15"，扫掠角度值为"90"，在大概位置上拾取一点，绘制圆弧，如图 1.30 所示。

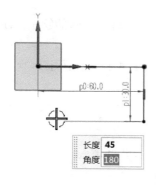

图 1.29　绘制第三条直线

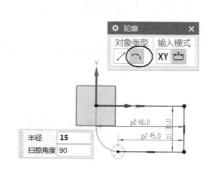

图 1.30　绘制圆弧

(5) 切换到直线模式，捕捉草图原点绘制第四条直线，单击鼠标中键结束命令，完成轮廓的创建，如图 1.31 所示。

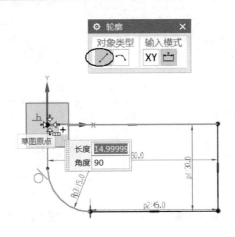

图 1.31　轮廓创建完成

2）　直线

使用直线命令可以根据约束自动判断来创建直线，有坐标及长度和角度两种创建方法。在"草图工具"命令面板中单击"直线"按钮 ，系统会弹出"直线"工具条，可以通过该工具条来完成直线的创建。坐标及长度和角度两种创建直线的方法如图 1.32 和图 1.33 所示。

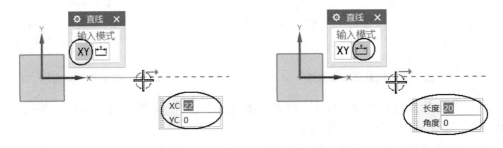

图 1.32　根据坐标创建直线　　　　　　　图 1.33　根据长度和角度创建直线

3）　圆弧

在"草图工具"命令面板中单击"圆弧"按钮 ，可进行圆弧的绘制，UG 提供了两种绘制圆弧的方法。

三点圆弧：指定圆弧的起点、终点、中间位置点和半径，如图 1.34 所示。

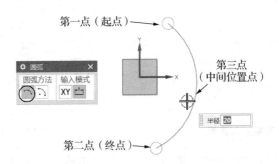

图 1.34　三点创建圆弧

圆心端点圆弧：在坐标模式下指定圆弧中心、起点和终点，如图 1.35 所示；在参数模式下需指定圆弧中心、起点位置、圆弧半径、扫掠角度，如图 1.36 所示。

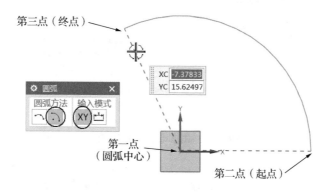

图 1.35 坐标模式下创建圆心点圆弧

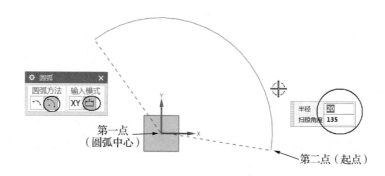

图 1.36 参数模式下创建圆心点圆弧

4) 圆

在"草图工具"命令面板中单击"圆"按钮○，可进行圆的绘制。UG 提供了两种绘制圆的方法。

⊙：指定圆心点和直径，如图 1.37 所示。

○：圆上三点或两点和直径：在坐标模式下指定圆的起点、中间点和第三点，如图 1.38 所示；在参数模式下需指定圆上两点和圆的直径，如图 1.39 所示。

5) 矩形

在"草图工具"命令面板中单击"矩形"按钮□，可进行矩形的绘制，UG 提供了三种绘制矩形的方法。

按 2 点：根据对角上的两点创建矩形，矩形的长和高与 XC、YC 草图轴平行，如图 1.40 所示。

按 3 点：用起点及决定宽度、高度和角度的两个点来创建矩形，如图 1.41 所示。

从中心：用中心点、决定角度和宽度的第二点及决定高度的第三点来创建矩形，如图 1.42 所示。

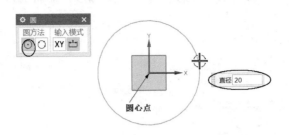

图 1.37　用圆心和直径定圆

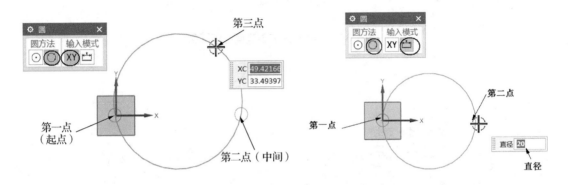

图 1.38　坐标模式下创建三点定圆　　　　图 1.39　参数模式下创建两点和直径定圆

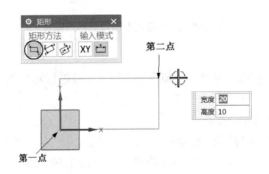

图 1.40　按 2 点定矩形

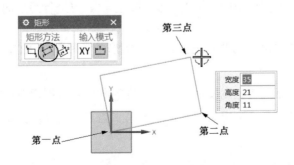

图 1.41　按 3 点定矩形

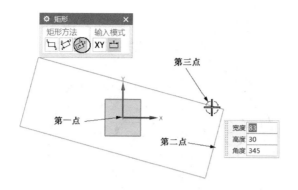

图 1.42　从中心定矩形

1.5　拓 展 练 习

练习绘制图 1.43~图 1.46。

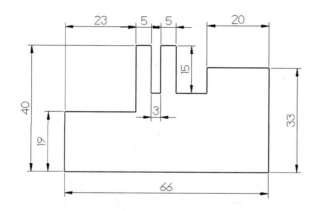

图 1.43

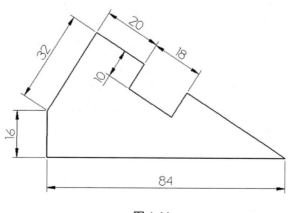

图 1.44

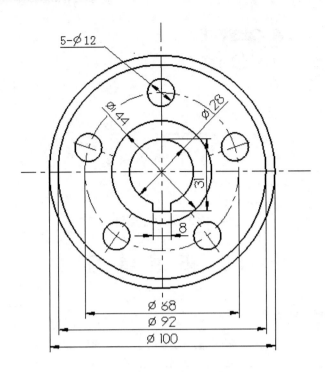

图 1.45

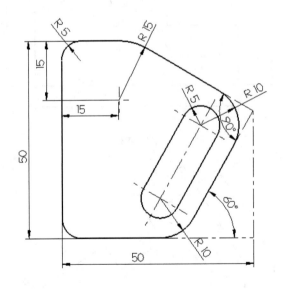

图 1.46

项目 2　绘制手柄草图

2.1　项　目　描　述

在草图中，可以通过几何约束与尺寸约束控制图形，实现与特征建模模块同样的尺寸驱动。本项目主要通过绘制手柄草图介绍草图进阶操作和约束的使用。

2.2　知识目标和技能目标

知识目标

1. 掌握草图平面的选择。
2. 掌握草图的进阶操作。
3. 掌握草图的尺寸、几何约束的使用。

技能目标

具备复杂二维草图的绘制能力。

2.3　实　施　过　程

创建如图 2.1 所示的手柄草图。

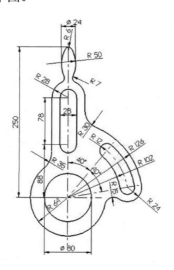

图 2.1　手柄草图

1. 启动 NX 10.0 软件和新建文件

启动 NX 10.0 软件，新建名称为"手柄.prt"的建模类型文件，再单击"确定"按钮，如图 2.2 所示，进入 UG 主界面。

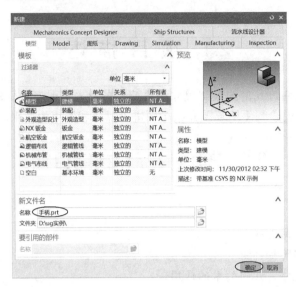

图 2.2 "新建"对话框

2. 选择 XY 平面作为草图平面

在"主页"选项卡中单击"草图"按钮，或选择"菜单"|"插入"|"草图"命令，如图 2.3 所示，系统弹出如图 2.4 所示的"创建草图"对话框，系统默认选择 XY 平面作为草图绘制平面，单击对话框中的"确定"按钮。单击"更多"下拉按钮，选择"在草图任务环境中打开"命令，如图 2.5 所示，进入草图环境。

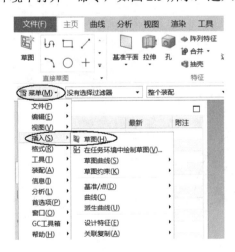

图 2.3 选择"草图"命令

图 2.4 "创建草图"对话框

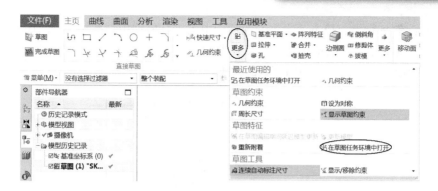

图 2.5　进入草图环境

3. 绘制φ80、R64 和 R126 三个整圆

单击"直接草图"组中的"圆"命令按钮◯，打开"圆"工具条，如图 2.6 所示，使用默认方式绘制圆，在绘图区拾取坐标原点作为圆心，输入直径"80"，按 Enter 键确认。用同样的方式绘制 R64 和 R126 两个整圆，效果如图 2.7 所示。

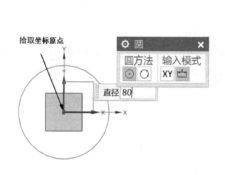

图 2.6　绘制φ80 整圆

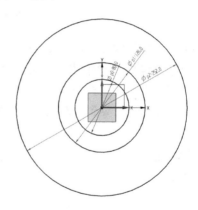

图 2.7　绘制三个整圆的效果

4. 绘制 R28 整圆及其左侧竖直切线

单击"圆"命令按钮◯，如图 2.8 所示，输入圆心坐标(0,166)，直径"56"，按 Enter 键确认。

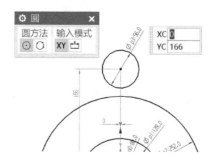

图 2.8　绘制 R28 圆

约束圆心在 Y 轴上。单击"主页"选项卡中的"几何约束"按钮，如图 2.9 所示，在弹出的"几何约束"对话框中单击"点在曲线上"约束按钮，拾取"圆心"作为要约束的对象，拾取"Y 轴"作为要约束到的对象。

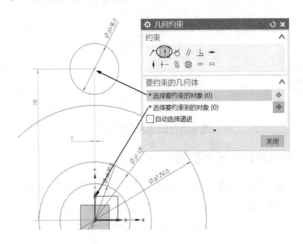

图 2.9 约束圆心在 Y 轴上

单击"直线"命令按钮，如图 2.10 所示，绘制一条任意长度的竖直线。

约束竖直线与 R28 圆相切。单击"几何约束"按钮，在弹出的"几何约束"对话框中单击"相切"约束按钮，如图 2.11 所示，拾取"竖直线"作为要约束的对象，拾取"R28 圆"作为要约束到的对象。注意要靠近相切处拾取圆。

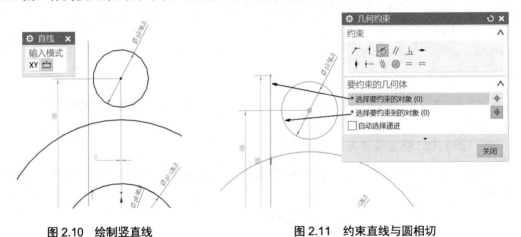

图 2.10 绘制竖直线　　　　　　　　图 2.11 约束直线与圆相切

5. 绘制左侧 R35 圆角

单击"圆角"命令按钮，如图 2.12 所示，依次拾取圆和竖直线，输入圆角半径"35"，按 Enter 键确认。

6. 绘制 R6、R50 圆弧和 R7 圆角

(1) 绘制 R6 圆弧。单击"圆"命令按钮，如图 2.13 所示，输入圆心坐标(0,250)，

直径"12"，按 Enter 键确认。

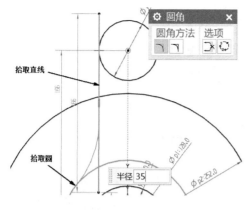

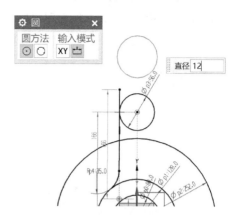

图 2.12 绘制左侧 R35 圆角　　　　　图 2.13 绘制 R6 圆

约束 R6 圆圆心在 Y 轴上。单击"几何约束"按钮，在弹出的"几何约束"对话框中单击"点在曲线上"约束按钮，如图 2.14 所示，拾取"圆心"作为要约束的对象，拾取"Y 轴"作为要约束到的对象。

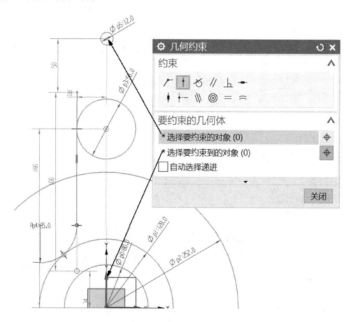

图 2.14 约束圆心在 Y 轴上

(2) 绘制 R50 圆弧。单击"圆"命令按钮○，用鼠标左键单击任意一处作为圆心位置，输入直径"100"，如图 2.15 所示，按 Enter 键确认。

标注尺寸"12"。单击"快速尺寸"命令按钮，在靠近 R50 左侧圆弧线上拾取该圆作为"第一个对象"，拾取 Y 轴作为"第二个对象"，在合适位置单击左键放置尺寸，输入"12"，如图 2.16 所示。

约束 R50 圆与 R6 圆相切。单击"几何约束"按钮，在弹出的"几何约束"对话框中单击"相切"约束按钮 ⚬，如图 2.17 所示，在靠近 R50 圆弧左上角拾取该圆作为要约束的对象，在靠近 R6 圆弧左上角拾取该圆作为要约束到的对象。

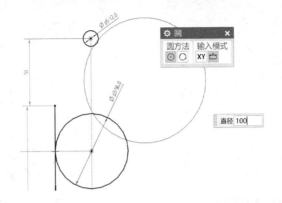

图 2.15　绘制 R50 圆

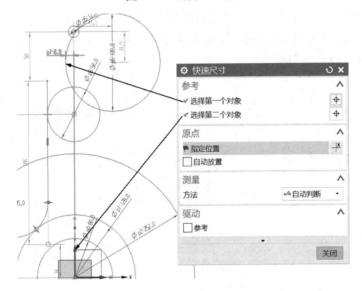

图 2.16　标注"12"尺寸

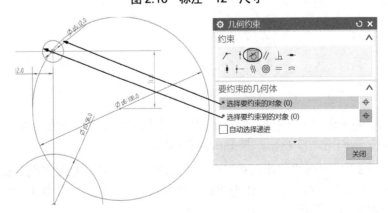

图 2.17　约束 R50 圆与 R6 圆相切

标注竖直尺寸"250"。单击"快速尺寸"命令按钮 ⚡ ，拾取 R6 圆圆心作为"第一个对象"，拾取 X 轴作为"第二个对象"，如图 2.18 所示，在合适位置单击左键放置尺寸，输入"250"。

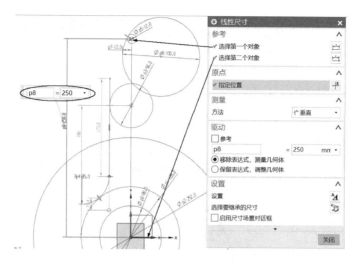

图 2.18　标注竖直尺寸"250"

(3)　绘制 R7 圆角。单击"圆角"命令按钮 ⌐ ，如图 2.19 所示，依次拾取 R28 圆和 R50 圆，输入圆角半径"7"，按 Enter 键确认。

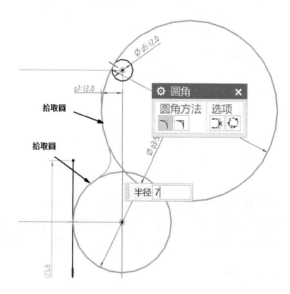

图 2.19　绘制 R7 圆角

7. 修剪曲线

单击"曲线"选项卡中的"快速修剪"命令按钮 ✂ ，弹出"快速修剪"对话框，如图 2.20 所示，拾取需要修剪的曲线，修剪后的效果如图 2.21 所示。

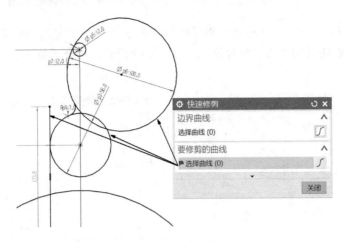

图 2.20　修剪曲线

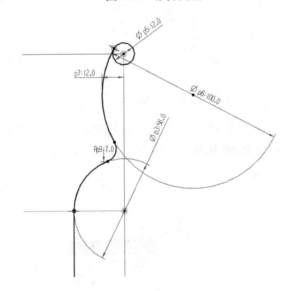

图 2.21　修剪后的效果

8. 镜像曲线

单击"曲线"选项卡中的"镜像曲线"命令按钮 ，弹出"镜像曲线"对话框，如图 2.22 所示，在"曲线规则"下拉列表框中设置"单条曲线"，拾取图示 3 条曲线作为"要镜像的曲线"，拾取 Y 轴作为"中心线"，单击"确定"按钮完成镜像操作。

9. 绘制右侧竖直线和 R30 圆角

(1) 绘制右侧竖直线。单击曲线工具栏中的"直线"命令按钮 ，绘制一条任意长度的竖直线，如图 2.23 所示。

约束竖直线与 R28 圆弧相切。单击"几何约束"按钮 ，在弹出的"几何约束"对话框中单击"相切"约束按钮 ，拾取"竖直线"作为要约束的对象，拾取"R28 圆"作为要约束到的对象，如图 2.24 所示。

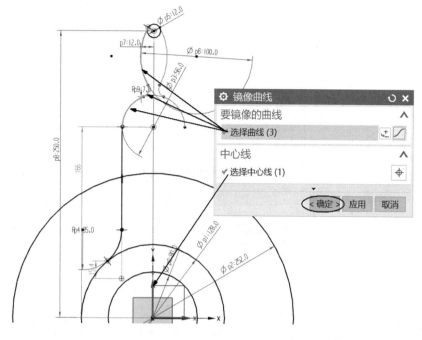

图 2.22　镜像曲线

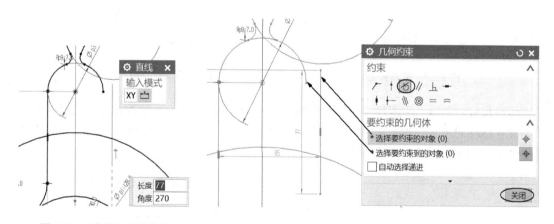

图 2.23　绘制右侧竖直线　　　　图 2.24　约束竖直线与 R28 圆弧相切

(2) 绘制 R30 圆角并修剪曲线。单击"圆角"命令按钮，如图 2.25 所示，依次拾取竖直线和 R126 圆，将鼠标指针移动到圆心位置后输入圆角半径"30"，按 Enter 键确认，并将竖直线上部不需要的部分修剪掉。

10. 绘制右侧月牙形

(1) 绘制 2 条角度线。

单击"直线"命令按钮，如图 2.26 所示，拾取圆心作为起点。绘制两条任意角度和长度的角度线，效果如图 2.27 所示。

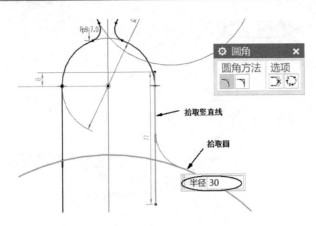

图 2.25　绘制 R30 圆角

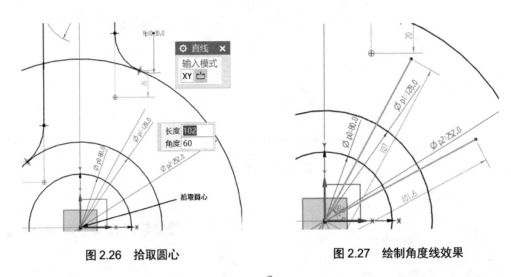

图 2.26　拾取圆心　　　　　　图 2.27　绘制角度线效果

标注尺寸。单击"快速尺寸"命令按钮 ，如图 2.28 所示，依次拾取角度线和 Y 轴作为尺寸标注对象，左键单击放置尺寸的合适位置，输入"40"，按 Enter 键确认。用同样的操作标注两条角度线夹角为 40°。

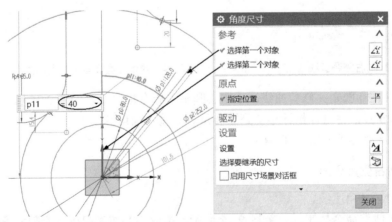

图 2.28　标注尺寸

(2)　绘制 R102、R12 圆弧。

绘制 R102 圆弧。如图 2.29 所示，坐标原点为圆心，直径为"204"。

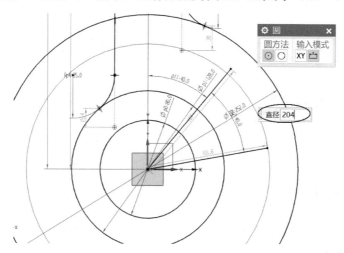

图 2.29　绘制 R102 圆弧

将 R102 圆弧、2 条角度线转换为参考对象。单击"约束"选项卡中的"转换至/自参考对象"按钮，如图 2.30 所示，拾取 2 条角度线和 R102 圆，单击"确定"按钮完成。

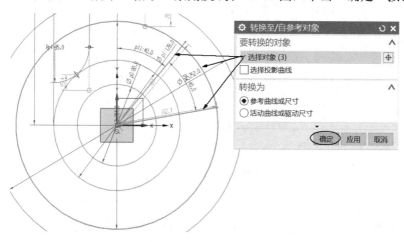

图 2.30　转换为参考对象

绘制 R12 圆弧。如图 2.31 所示，分别以 2 条角度线和 R102 圆的交点为圆心绘制直径为"24"的圆。

(3)　绘制 2 个相切圆弧。

如图 2.32 所示，以坐标原点为圆心绘制 2 个任意直径的整圆。如图 2.33 所示，约束 R12 圆与外侧大圆和内侧大圆相切。

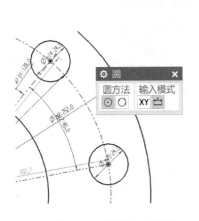

图 2.31　绘制 R12 圆弧

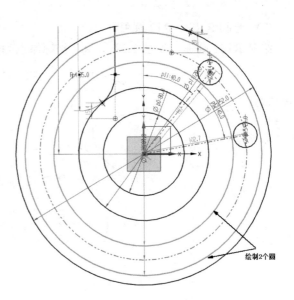

图 2.32　绘制 2 个圆弧

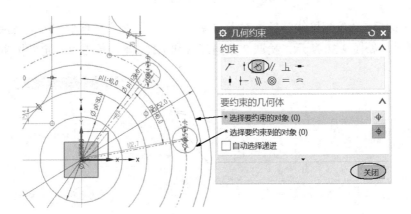

图 2.33　约束两圆相切

（4）修剪曲线。

单击"快速修剪"命令按钮 ，如图 2.34 所示，单击需要修剪的曲线。

修剪前　　　　　　　　　　　　　　　　修剪后

图 2.34　修剪曲线

11. 绘制 R24 圆弧和 R15 圆角

如图 2.35 所示，以 R12 圆弧的圆心为圆心绘制直径为"48"的圆。

再单击"圆角"命令按钮 ⌐，如图 2.36 所示，依次拾取圆 1 和圆 2，输入半径值"15"，按 Enter 键确认。

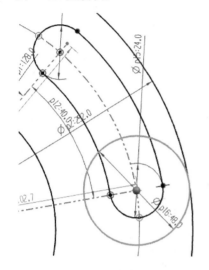

图 2.35　绘制 R24 圆弧

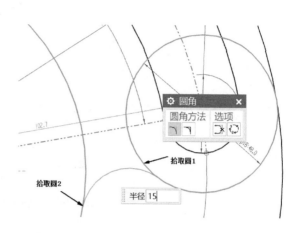

图 2.36　倒圆角的效果

再单击"快速修剪"命令按钮 ✂，将不需要的曲线修剪掉，修剪后的效果如图 2.37 所示。

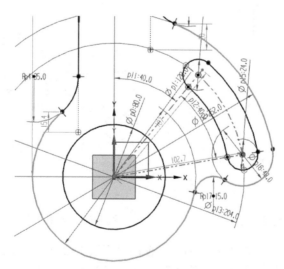

图 2.37　修剪后的效果

12. 绘制圆角槽形

(1) 绘制 2 个 ϕ28 圆。如图 2.38 所示，以 R28 圆弧的圆心为圆心绘制直径为"28"的圆，再以输入圆心坐标(0,88)的方式绘制另一个直径为"28"的圆，如图 2.39 所示，单击"几何约束"按钮 ⌐ 将圆心约束到 Y 轴上，如图 2.40 所示。

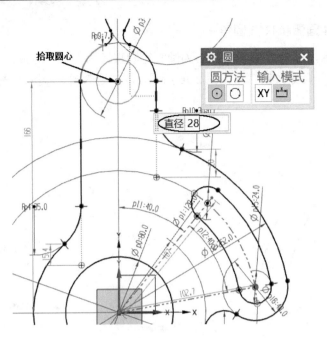

图 2.38　绘制 ϕ 28 圆

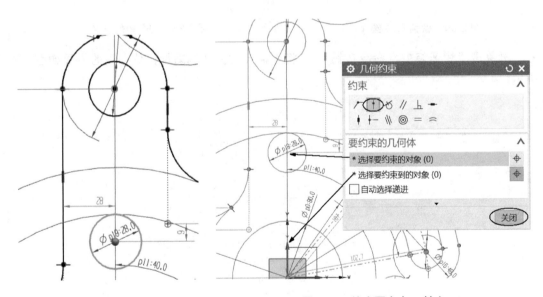

图 2.39　绘制另一个 ϕ 28 圆　　　　图 2.40　约束圆心在 Y 轴上

　　(2) 绘制 2 条竖直线。如图 2.41 所示，使用"直线"命令 ╱ 绘制 2 条任意长度的竖直线，再通过"几何约束"命令 ⊥ 分别约束 2 条直线与 ϕ 28 圆的左右两侧相切，如图 2.42 所示。

　　(3) 修剪曲线。使用"快速修剪"命令 ╲ 修剪掉不需要的部分。修剪后的效果如图 2.43 所示；用同样的操作将顶部 R6 圆的多余部分修剪掉，修剪后的效果如图 2.44 所示。

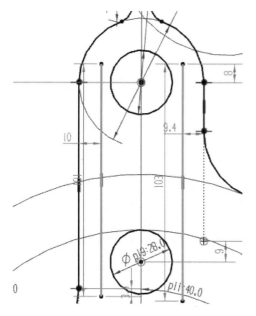

图 2.41 绘制 2 条竖直线

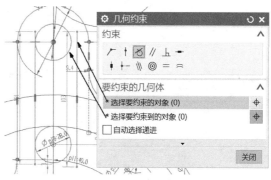

图 2.42 约束竖直线与圆相切

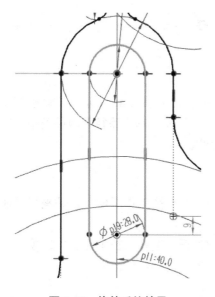

图 2.43 修剪后的效果

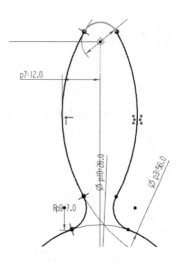

图 2.44 修剪顶部后的效果

13. 完成草图并保存

单击"完成草图"按钮 ，效果如图 2.45 所示。再单击左上角的"保存"命令按钮 ，
保存草图"手柄.prt"文件。

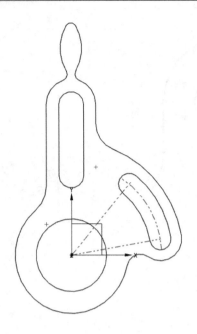

图 2.45　草图完成效果

2.4　知　识　学　习

2.4.1　设置草图工作平面

在"主页"选项卡中单击"草图"按钮，系统弹出如图 2.46 所示的"创建草图"对话框，在"草图类型"下拉列表框中包含 "在平面上"和"基于路径"两种类型，它们是指两种不同的草图平面创建类型，下面分别进行介绍。

1. 在平面上

"在平面上"是指定一平面作为草图的工作平面。草图工作平面可以是坐标平面、基准平面、实体表面或片体表面。

在"创建草图"对话框的"草图类型"下拉列表框中选择"在平面上"选项后，"创建草图"对话框如图 2.47 所示，下面对该对话框中的关键参数进行说明。

1)　"平面方法"下拉列表框

"平面方法"下拉列表框用来指定或创建草图的工作平面。其中包含三种平面指定方式，分别为现有平面、创建平面和创建基准坐标系。

● "现有平面"是指在模型中指定一个现存的平面作为草图工作平面。
● "创建平面"是指通过基准平面创建一个平面作为草图工作平面。
● "创建基准坐标系"是指通过基准 CSYS 创建一个坐标系，并用其 XC—YC 平面作为草图工作平面。

2)　草图方向

"草图方向"是用来指定草图中坐标系的方位的，其方位可以通过"草图方向"中的

"参考"选项来调节。

图 2.46　"创建草图"对话框 1

图 2.47　"创建草图"对话框 2

3)　草图原点

在绘制草图时，"草图原点"可以用来指定草图坐标系的原点位置，以便于草图的绘制、尺寸标注和几何约束的添加。

4)　设置

"设置"中包含创建中间基准 CSYS、关联原点和投影工作部件原点等参数。

2. 基于路径

"基于路径"是指定一轨迹，通过轨迹来确定一平面作为草图的工作平面。要为特征(如"变化的扫掠")构建输入轮廓，需要在轨迹上创建草图。"基于路径"绘制草图时，首先必须：

● 选择要在其上构建草图的轨迹。
● 沿着路径放置草图平面。
● 定义一个方向，用于草图平面。

选择"基于路径"选项后，需要分别设置"轨迹""平面位置""平面方位"和"草图方向"等参数，设置完毕后在"创建草图"对话框中单击"确定"按钮，即可进行草图的创建。

2.4.2　重新附着草图

使用草图重新附着功能可以改变草图的附着平面，将在一个平面上建立的草图移到另一个不同方位的基准平面、实体表面或片体表面上。

选择"菜单"|"工具"|"重新附着草图"命令，系统弹出如图 2.48 所示的"重新附着草图"对话框，通过该对话框可以指定草图重新附着的平面。

"重新附着草图"对话框中，"草图平面"选项用于选择附着草图的目标平面；"草图方向"选项用于指定新的参考方向；"草图原点"选项用于重新确定草图原点位置。当进入该对话框时，这些选项均以高亮度显示，可根据新的要求做出相应的调整设置。

图 2.48 "重新附着草图"对话框

2.4.3 定向视图到草图与定向视图到模型

1. 定向视图到草图

定向视图到草图可用于将草图定向到启动草图生成器时应用的部件视图,使用定向视图到草图来定向视图,可以直接向下查看草图平面。

在"主页"选项卡中单击"定向到草图"按钮 📖,系统会自动将视图方向切换至草图方向。

2. 定向视图到模型

定向视图到模型可用于将草图定向到模型视图,使用定向视图到模型来定向视图,可以观察草图与模型的位置关系。

在"主页"选项卡中单击"定向视图到模型"按钮 📖,系统会自动将视图方向切换至模型视图方向。

2.4.4 草图进阶操作

1. 快速修剪

"快速修剪"命令可以将曲线修剪至任何方向最近的实际交点或虚拟交点。单击"主页"选项卡中"直接草图"选项组中的"快速修剪"按钮 ✕,系统打开如图 2.49 所示的"快速修剪"对话框。

"快速修剪"对话框中的选项说明如下。

- 边界曲线:用于选择作为修剪对象的边界。
- 要修剪的曲线:选择一条或多条要修剪的曲线。
- 设置:选中"修剪至延伸线"复选框,可以指定修剪至一条或多条边界曲线的虚拟延伸线。

2. 快速延伸

"快速延伸"命令可以将曲线延伸至其与另一条曲线的实际交点或虚拟交点。单击"主页"选项卡中"直接草图"组中的"快速延伸"按钮，系统打开如图2.50所示的"快速延伸"对话框。

图 2.49　"快速修剪"对话框　　　　　图 2.50　"快速延伸"对话框

3. 镜像曲线

"镜像曲线"命令可以通过草图中现有的任一条曲线来镜像草图几何体。在"主页"选项卡中单击"直接草图"组中的"镜像曲线"按钮，或选择"菜单"|"插入"|"来自曲线集的曲线"|"镜像曲线"命令，系统弹出如图2.51所示的"镜像曲线"对话框。镜像曲线示意图如图2.52所示。

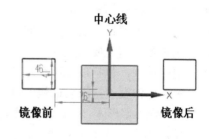

图 2.51　"镜像曲线"对话框　　　　　图 2.52　镜像曲线示意图

"镜像曲线"对话框中的选项说明如下。

- 选择曲线：指定一条或多条要进行镜像的草图曲线。
- 选择中心线：选择一条已有直线或基准轴作为镜像操作的中心线(在镜像操作过程中，若选择的是直线，则该直线将成为参考直线)。
- 中心线转换为参考：将活动中心线转换为参考。
- 显示终点：显示端点约束以便移除和添加端点。如果移除端点约束，然后编辑原先的曲线，则未约束的镜像曲线将不会更新。

4. 偏置曲线

将选择的曲线链、投影曲线或曲线进行偏置。在"主页"选项卡中单击"直接草图"

组中的"偏置曲线"按钮  ，或选择"菜单"|"插入"|"来自曲线集的曲线"|"偏置曲线"命令，系统弹出如图 2.53 所示的"偏置曲线"对话框，偏置曲线示意图如图 2.54 所示。

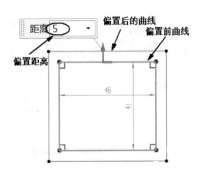

图 2.53 "偏置曲线"对话框

图 2.54 偏置曲线示意图

"偏置曲线"对话框中的选项说明如下。

- 选择曲线：选择要偏置的曲线或曲线链。曲线链可以是开放的、封闭的或者一段开放一段封闭。
- 添加新集：在当前的偏置链中创建一个新的子链。
- 距离：指定偏置距离。
- 反向：使偏置链的方向反向。
- 副本数：指定要生成的偏置链的副本数。
- 端盖选项：包括以下两个选项。
  - ➤ 延伸端盖：沿着曲线的自然方向延伸到实际交点来封闭偏置链。
  - ➤ 圆弧帽形体：为偏置链曲线创建圆角来封闭偏置链。
- 显示拐角：选中该复选框，在链的每个角上都显示角的手柄。
- 显示终点：选中该复选框，在链的每一端都显示一个端约束手柄。
- 输入曲线转换为参考：将输入曲线转换为参考曲线。
- 阶次：在偏置艺术样条时指定阶次。

5. 阵列曲线

利用"阵列曲线"命令可将草图曲线进行阵列。在"主页"选项卡中单击"直接草图"组中的"阵列曲线"按钮 ，或选择"菜单"|"插入"|"来自曲线集的曲线"|"阵列曲线"命令，系统弹出如图 2.55 所示的"阵列曲线"对话框，可以对图形进行线性、圆形和常规阵列。

图 2.55 "阵列曲线"对话框

"阵列曲线"对话框中的选项说明如下。

- 线性：使用一个或两个方向定义布局，如图 2.56 所示为线性阵列示意图。
- 圆形：使用旋转点和可选径向间距参数定义布局，如图 2.57 所示为圆形阵列示意图。
- 常规：使用一个或多个目标点或坐标系定义的位置来定义布局，如图 2.58 所示为常规阵列示意图。

图 2.56　线性阵列示意图　　　图 2.57　圆形阵列示意图　　　图 2.58　常规阵列示意图

6. 派生曲线

使用"派生曲线"命令，可以在选择一条或几条直线后，自动生成其平行线、中线或角平分线。在"主页"选项卡中单击"直接草图"组中的"派生直线"按钮，选择要派生的直线，在适当位置单击或输入偏置距离，如图 2.59 所示。

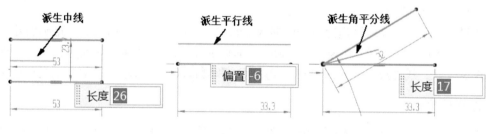

图 2.59　派生直线

7. 添加现有曲线

"添加现有曲线"命令用于将大多数已有的曲线和点，以及椭圆、抛物线和双曲线等二次曲线添加到当前草图。该命令只是简单地将曲线添加到草图中，而不会将约束应用于添加的曲线，几何体之间的间隙没有闭合。要使系统应用某些几何约束，可使用"自动约束"功能。在"主页"选项卡中单击"直接草图"组中的"添加现有曲线"按钮，即可打开该命令。

8. 投影曲线

"投影曲线"命令用于将选中的对象沿草图平面的法向投影到草图的平面上。通过选择草图外部的对象，可以生成抽取的曲线或线串。能够抽取的对象包括曲线(关联或非关联的)、边、面、其他草图或草图内的曲线、点。在"主页"选项卡中单击"直接草图"组中的"投影曲线"按钮，即可打开如图 2.60 所示的"投影曲线"对话框。

9. 相交曲线

"相交曲线"命令可用于创建一个平滑的曲线链，其中的一组切向连续面与草图平面相交。在"主页"选项卡中单击"直接草图"组中的"相交曲线"按钮 ，即可打开如图 2.61 所示的"相交曲线"对话框。

图 2.60　"投影曲线"对话框

图 2.61　"相交曲线"对话框

2.4.5　尺寸约束

建立草图尺寸约束可以限制草图几何对象的大小，也就是在草图上标注草图尺寸并设置尺寸标注的形式与尺寸。

"尺寸约束"可以通过指定草图中曲线的长度、角度、半径、周长等来精确创建曲线。在"约束"选项卡中选择"快速尺寸"命令，即可展开如图 2.62 所示为尺寸约束下拉列表，包含快速尺寸、线性尺寸、径向尺寸、角度尺寸和周长尺寸等选项，下面分别进行介绍。

1. 快速尺寸

"快速尺寸"是指系统根据所选草图对象的类型和鼠标指针与所选对象的相对位置，采用相对标注方法。

当选取水平线时，采用水平尺寸标注方式；当选取垂直线时，采用垂直尺寸标注方式；当选取斜线时，则根据鼠标位置可按水平、直立或平行等方式标注；当选取圆弧时，采用半径标注方式；当选取圆时，采用直径标注方式。

2. 线性尺寸

"线性尺寸"是指在两个对象或点位置之间创建线性距离约束。标注该类尺寸时，在绘图工作区中选取同一对象或不同对象的两个控制点，用两点的连线在水平、竖直、点到点及垂直等方向标注其长度尺寸。

如图 2.63 所示为几种不同状态下的线性尺寸标注。

3. 径向尺寸

"径向尺寸"是指系统为所选的圆弧或圆标注直径或半径。标注该类尺寸时，先在绘图工作区中选取一个圆弧曲线，则系统直接标注圆的直径或半径尺寸。

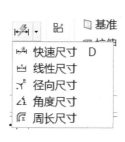

图 2.62   尺寸约束

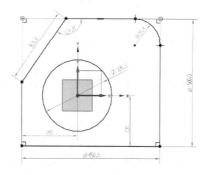

图 2.63   尺寸约束示意图

4. 角度尺寸

"角度尺寸"是指系统为所选的两直线，或者一直线和一矢量之间标注角度。标注该类尺寸时，在绘图工作区中一般在远离直线交点的位置选择两直线，则系统会标注这两直线之间的夹角。如果选取直线时光标比较靠近两直线的交点，则标注的是对顶角的角度。

5. 周长尺寸

"周长尺寸"是指系统为所选的曲线串标注周长。标注该类尺寸时，用户可在绘图工作区中选取一段或多段曲线，则系统会标注这些曲线的总长度。

2.4.6   几何约束

几何约束一般用于对单个对象的位置、两个或两个以上对象之间的相对位置进行约束。在 NX 系统中，几何约束的种类多达 20 种，根据不同的草图对象，可添加不同的几何约束类型。

1. 使用几何约束的一般流程

选择"菜单"|"插入"|"草图约束"|"几何约束"命令，或者在"约束"选项卡中单击"几何约束"按钮，然后在模型中选择需要进行约束的对象，系统将会弹出如图 2.64 所示的"几何约束"对话框，在其中单击所需约束的具体类型。

(固定)：该约束是将草图对象固定在某个位置。不同的几何对象有不同的固定方法，点一般固定其所在位置；线一般固定其角度或端点；圆和椭圆一般固定其圆心；圆弧一般固定其圆心或端点。

(完全固定)：该约束将指定对象的所有自由度都固定。如固定圆的半径、圆心位置，固定直线的长度、角度和端点位置。

图 2.64   "几何约束"对话框

(共线)：该约束将指定的一条或多条直线共线。

(水平)：该约束将指定的直线方向约束为水平。

(竖直)：该约束将指定的直线方向约束为竖直。

(平行)：该约束将指定的两条或多条直线约束为平行。

(垂直)：该约束将指定的两条直线约束为相互垂直。

(等长)：该约束将指定的两条或多条直线约束为等长。

(定长)：该约束将指定的直线的长度固定。

(定角)：该约束将指定的两条或多条直线的角度进行固定。

(同心)：该约束指定两个或多个圆弧或椭圆弧的圆心相互重合。

(相切)：该约束将指定的两个对象约束为相切。

(等半径)：该约束将指定的两个或多个圆、圆弧的半径约束为相等。

(均匀比例)：该约束定义当指定的样条曲线端点位置发生变化时，样条尺寸成比例地发生变化以保持形状不变。

(非均匀比例)：该约束定义当指定的样条曲线端点位置发生变化时，样条尺寸不会成比例地发生变化，样条形状改变。

(重合)：该约束定义指定的两点或多点约束为重合。

(点在曲线上)：该约束定义所选取的点在抽取的曲线上。

(中点)：该约束定义指定的点作为指定曲线的中点。

2. 自动约束

“自动约束”用来设置自动应用到草图的约束类型，在“约束”选项卡中单击按钮，打开如图 2.65 所示的“自动约束”对话框。

在“要约束的曲线”中单击“选择曲线”按钮，并在模型中选择需要进行约束的曲线，然后在“要施加的约束”中选中需要应用到所选曲线中的约束。

如果需要全部设置，可以在对话框中单击“全部设置”按钮；如果需要全部清除，则可在对话框中单击“全部清除”按钮，设置完毕后单击“确定”按钮，即可完成对选择曲线的约束。

图 2.65 “自动约束”对话框

3. 显示草图约束与不显示草图约束

“显示草图约束”用来显示应用到草图中的所有约束，在“约束”选项卡中单击“显示草图约束”按钮，即可在模型中显示所有约束。如图 2.66 所示为不显示几何约束，图 2.67 所示为显示几何约束。

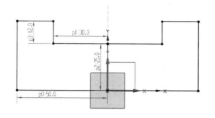

图 2.66　不显示几何约束

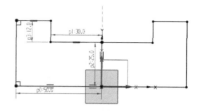

图 2.67　显示几何约束

4. 显示/移除约束

"显示/移除约束"用来显示与选定草图几何图形相关联的约束，并移除所有这些约束或信息。单击"显示/移除约束"按钮，即可打开如图 2.68 所示的"显示/移除约束"对话框。

在"列出以下对象的约束"中选择要约束的对象，分别为"选定的对象"和"活动草图中的所有对象"，在"约束类型"右侧单击下拉按钮选择约束的类型，然后根据需要移除约束，移除完毕后单击"确定"按钮结束操作。

5. 约束备选解

约束备选解用于针对尺寸约束和几何约束显示备选解，并选择一个结果。

图 2.68　"显示/移除约束"对话框

2.5　拓 展 练 习

练习绘制图 2.69～图 2.72。

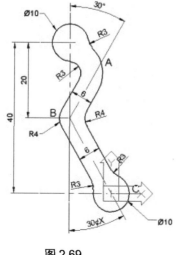

图 2.69

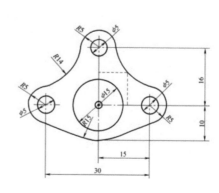

图 2.70

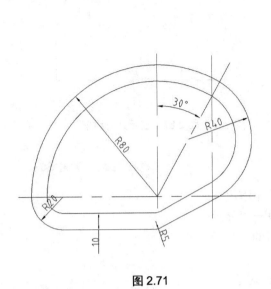

图 2.71

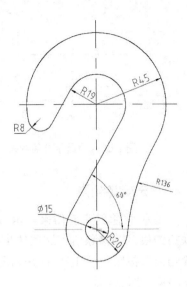

图 2.72

项目 3　创建组合体零件

3.1　项 目 描 述

扫描是指通过将二维轮廓沿某一轨迹扫描而生成三维实体的方法。扫描特征是生成非规则实体的有效方法。扫描特征中有两大基本元素：扫描轨迹和扫描截面。拉伸、旋转、沿引导线扫掠和管道都可以看作扫描特征，下面将介绍拉伸特征。

"拉伸"是扫描特征里最常用的，拉伸特征是将拉伸对象沿所指定的矢量方向拉伸，直到某一指定位置后所形成的实体。本项目主要是通过组合体零件的绘制来介绍拉伸特征的创建过程。

3.2　知识目标和技能目标

知识目标

1. 掌握拉伸特征的操作步骤和技巧。
2. 掌握块体、圆柱体、圆锥体、球体等基本体素特征的创建。
3. 掌握修剪体、拆分体和缩放体等体特征的创建。
4. 掌握孔、凸台、腔体、垫块等加工特征的创建。

技能目标

具备一般拉伸特征的创建能力。

3.3　实 施 过 程

创建如图 3.1 所示的组合体零件。

1. 启动 NX 10.0 软件和新建文件

启动 NX 10.0 软件，新建名称为"组合体.prt"的建模类型文件，再单击"确定"按钮，如图 3.2 所示，进入 UG 主界面。

2. 创建底座截面草图

在"主页"选项卡中单击"草图"按钮 ，或选择"菜单"|"插入"|"草图"命令，系统默认选择 XY 平面作为草图绘制平面，单击对话框中的"确定"按钮，进入草图环境，绘制如图 3.3 所示的组合体底部草图。

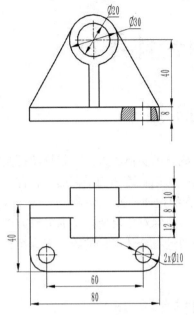

图 3.1 组合体零件

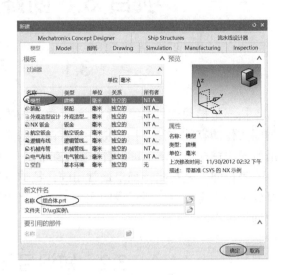

图 3.2 "新建"对话框

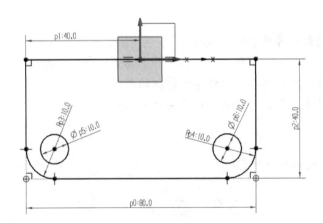

图 3.3 底部草图

3. 创建底座拉伸体

在"主页"选项卡中单击"拉伸"按钮 █，或选择"菜单"|"插入"|"设计特征"|"拉伸"命令，系统弹出"拉伸"对话框，在绘图区上方的"选择组"工具栏中，将曲线规则设置为"自动判断曲线"，如图 3.4 所示。在"拉伸"对话框中，单击"选择曲线"按钮，选择绘制好的底部草图作为拉伸曲线，按系统默认的方向拉伸，在"距离"文本框中输入"8mm"，其他按默认设置，单击"确定"按钮，如图 3.5 所示，完成底座拉伸操作，效果如图 3.6 所示。

4. 创建侧壁截面草图

在"主页"选项卡中单击"草图"按钮，再一次进入草图环境，选择 XZ 平面作为草图平面，如图 3.7 所示。绘制如图 3.8 所示的侧壁截面草图曲线。

图 3.4 曲线规则设置为"自动判断曲线"

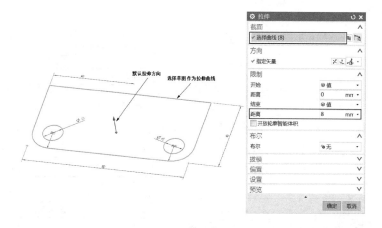

图 3.5 设置拉伸参数

图 3.6 底座拉伸效果

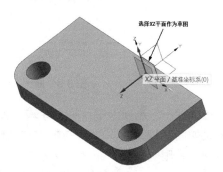

图 3.7 选择 XZ 平面作为草图平面

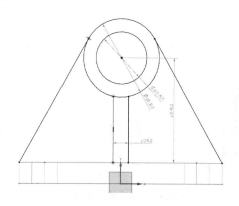

图 3.8 侧壁截面草图曲线

5. 创建侧壁拉伸体

(1) 在"主页"选项卡中单击"拉伸"按钮 ▥，系统弹出"拉伸"对话框，在绘图区上方的"选择组"工具栏中，将曲线规则设置为"相连曲线"并将右侧的"在相交处停止"打开 ╫ ，选择如图 3.9 所示封闭曲线作为拉伸曲线，按系统默认的方向拉伸，在"距离"文本框中输入"8mm"，在"布尔"下拉列表框中选择"求和"选项，选择系统默认的对象作为"求和"对象，其他按默认设置，单击"应用"按钮，完成侧壁第一次拉伸操作，效果如图 3.10 所示。

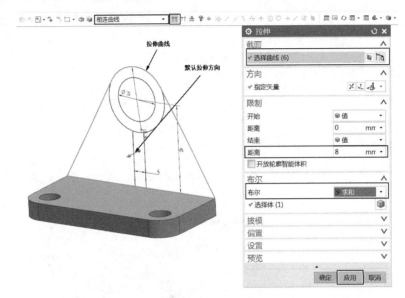

图 3.9　侧壁第一次拉伸参数设置

(2) 在"视图"选项卡中，将"样式"设置为"静态线框"模式，如图 3.11 所示，视图显示效果如图 3.12 所示。在"拉伸"对话框中，选择整圆作为拉伸截面曲线，接受默认的拉伸方向，在限制开始"距离"文本框中输入"-10mm"，在限制结束"距离"文本框中输入"20mm"，在"布尔"下拉列表框中选择"求和"选项，单击"确定"按钮，如图 3.13 所示，完成侧壁第二次拉伸。

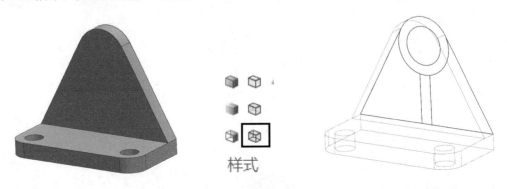

图 3.10　侧壁第一次拉伸效果　　图 3.11　将对象设置为　　图 3.12　静态线框效果
"静态线框"模式

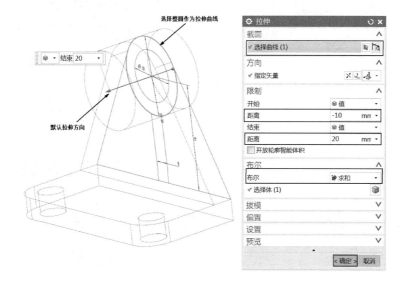

图 3.13　侧壁第二次拉伸参数设置

(3)　再一次单击"拉伸"按钮，在截面选项中选择如图 3.14 所示封闭拉伸曲线作为拉伸对象，接受默认的拉伸方向，在限制开始"距离"文本框中输入"0mm"，在限制结束"距离"中输入"20mm"，在"布尔"下拉列表框中选择"求和"选项，单击"应用"按钮，完成侧壁第三次拉伸。

(4)　在截面选项中选择如图 3.15 所示的整圆作为拉伸对象，接受默认的拉伸方向，在限制开始"距离"文本框中输入"−10mm"，在限制结束"距离"文本框中输入"20mm"，在"布尔"下拉列表框中选择"求差"选项，单击"确定"按钮，完成侧壁第四次拉伸，在"视图"选项卡中，将"样式"设为"着色"模式，如图 3.16 所示，效果如图 3.17 所示。

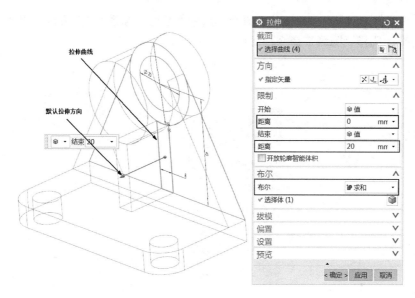

图 3.14　侧壁第三次拉伸参数设置

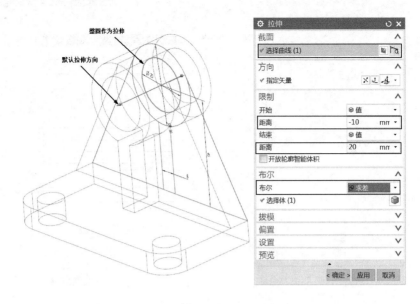

图 3.15　侧壁第四次拉伸参数设置

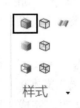

图 3.16　将对象更改为"着色"模式

图 3.17　侧壁第四次拉伸效果

(5)　在"部件导航器"中，按住 Ctrl 键，选中"基准坐标系""草图(1)"和"草图(3)"，单击鼠标右键，选择"隐藏"命令，如图 3.18 所示。

图 3.18　隐藏基准坐标系和草图

6. 保存退出

选择"文件"|"保存"命令，或单击"保存"按钮 ■，将文件保存。

3.4　知　识　学　习

3.4.1　拉伸

"拉伸"是扫描特征里最常用的，拉伸特征是将拉伸对象沿所指定的矢量方向拉伸，直到某一指定位置后所形成的实体，拉伸对象通常为二维几何元素。

在"主页"选项卡中单击"拉伸"按钮，或选择"菜单"|"插入"|"设计特征"|"拉伸"命令，系统弹出"拉伸"对话框，如图 3.19 所示。下面对"拉伸"对话框中的主要参数进行介绍。

图 3.19　"拉伸"对话框

1. 截面

"截面"参数是用于定义拉伸的截面曲线，有"绘制截面"和"选择曲线"两种定义方式。

- "选择曲线"：该方式使用实体表面、实体边缘、曲线、链接曲线和片体来定义拉伸的截面曲线。在草图中必须有绘制的拉伸对象，对其直接进行拉伸即可。
- "绘制截面"：当使用"草图截面"方式进行实体拉伸时，系统将进入草图工作界面，根据需要创建完成草图后切换至拉伸操作，即可进行相应的拉伸操作。

2. 方向

"方向"参数用于设置拉伸的方向，单击其中的"指定矢量"按钮，系统将弹出"矢量"对话框，通过矢量构造器来指定矢量，如果已有矢量，可以不用矢量构造器创建，直接指定即可。

3. 限制

"限制"参数用来设置拉伸的起始位置和终止位置。在其中的"开始"和"结束"下拉列表框中可以通过"值""对称值""直至下一个""直至选定""直至延伸部分"和"贯通"6 种方式指定起始位置和终止位置，如图 3.20 所示。

- "值"：当选择该方式时，可以通过在"距离"文本框中输入数值指定位置，正负值是相对拉伸方向而言的。
- "对称值"：当选择该方式时，系统将开始限制距离转换为与结束限制相同的值。
- "直至下一个"：将拉伸特征沿方向路径延伸到下一个体。
- "直至选定"：将拉伸特征延伸到选择的面、基准平面或体。
- "直至延伸部分"：当截面延伸超过所选择面上的边时，将拉伸特征(如果是体)修剪到该面。

- "贯通"：沿指定方向的路径延伸拉伸特征，使其完全贯通所有的可选体。

4. 布尔

"布尔"是用来设置创建的体和模型中已有体的布尔运算的，共有"无""求和""求差"和"求交"4种，可根据需要选取。

- "无"：创建独立的拉伸实体。
- "求和"：将两个或多个体的拉伸体组合成为一个单独的体。
- "求差"：从目标体移除拉伸体。
- "求交"：创建一个体，这个体包含由拉伸特征和与之相交的现有体共享的体积。

5. 拔模

"拔模"参数用来控制拉伸时的拔模角，在"拔模"下拉列表框中共有6种拔模类型，如图3.21所示。

图 3.20 "开始"下拉列表   图 3.21 "拔模"类型

- "无"：表示不创建任何拔模，即在拉伸时没有拔模角。
- "从起始限制"：表示对每个拉伸面设置相同的拔模角。创建一个拔模，拉伸形状在起始限制处保持不变，从该固定形状将拔模角应用于侧面，如图3.22所示。
- "从截面"：表示对每个拉伸面设置不同的拔模角，创建一个拔模，拉伸形状在截面处保持不变，从该截面处将拔模角应用于侧面，如图3.23所示。

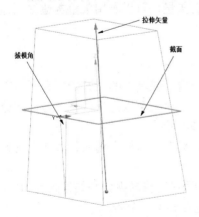

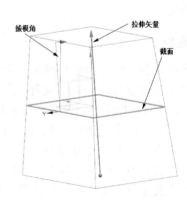

图 3.22 "从起始限制"拔模   图 3.23 "从截面"拔模

- "从截面-不对称角"：仅当从截面的两侧同时拉伸时可用。创建一个拔模，拉伸形状在截面处保持不变，但也会在截面处将侧面分割在两侧，如图 3.24 所示。

- "从截面-对称角"：仅当从截面的两侧同时拉伸时可用。创建一个拔模，拉伸形状在截面处保持不变，如图 3.25 所示。
- "从截面匹配的终止处"：仅当从截面的两侧同时拉伸时可用。创建一个拔模，截面保持不变，并且在截面处分割拉伸特征的侧面，起始面及终止面大小相等，如图 3.26 所示。

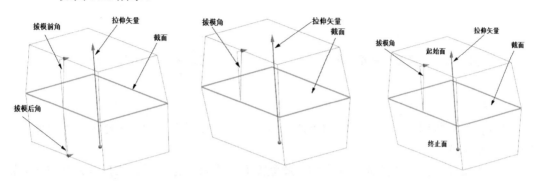

图 3.24　"从截面-不对称角"拔模　图 3.25　"从截面-对称角"拔模　图 3.26　"从截面匹配的终止处"拔模

6. 偏置

"偏置"是指先对截面曲线进行偏置，然后再进行拉伸。在"偏置"下拉列表框中共有 4 种类型。

- "无"：表示在拉伸时没有偏置，系统默认为"无"。"无"偏置效果如图 3.27 所示。
- "单侧"：表示在对截面曲线进行偏置时，只向单侧进行偏置。"单侧"偏置效果如图 3.28 所示。

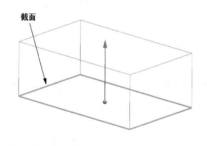 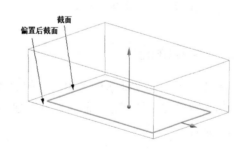

图 3.27　"无"偏置效果　　　　　　图 3.28　"单侧"偏置效果

- "两侧"：表示在对截面曲线进行偏置时，向两侧进行偏置。"两侧"偏置效果如图 3.29 所示。
- "对称"：表示在对截面曲线进行偏置时，向两侧偏置，且向两侧偏置距离相等。"对称"偏置效果如图 3.30 所示。

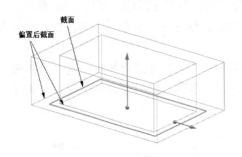

图 3.29 "两侧"偏置效果

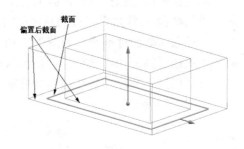

图 3.30 "对称"偏置效果

7. 设置

"设置"参数用来控制拉伸体的"体类型",在"设置"下拉列表框中有"实体"和"片体"两个选项。

- "实体":是指拉伸体为实体,此截面必须为封闭轮廓截面或带有偏置的开放轮廓截面,其效果如图 3.31 所示。
- "片体":是指拉伸体为片体,其效果如图 3.32 所示。

图 3.31 "实体"效果

图 3.32 "片体"效果

3.4.2 体素特征

体素特征用于建立基本体素和简单的实体模型,包括块体、柱体、锥体、球体等,它们一般作为零件的主体部分,而其他特征建模均在其主体上进行。下面分别介绍 NX 中基本特征的创建。

1. 长方体

长方体通过设置其位置和尺寸来创建。选择"菜单"|"插入"|"设计特征"|"长方体"命令,弹出如图 3.33 所示的"块"对话框。

在该对话框中选择一种块生成方式,然后按选择步骤操作,再在相应的文本框中输入块参数,单击"确定"按钮即可创建所需要的块体。在"类型"下拉列表框中有"原点和边长""两点和高度"和"两个对角点"三个选项。

图 3.33 "块"对话框

1)   原点和边长

先指定一点作为长方体的原点，并输入长方体的长、宽、高数值，即可完成长方体的创建。用"原点和边长"方式创建长方体的步骤如下。

(1)   在"类型"下拉列表框中选择"原点和边长"选项。

(2)   在"原点"中单击"指定点"按钮，并设置原点。

(3)   设置"长度""宽度"和"高度"参数。

(4)   在"布尔"中选择布尔操作。

用"原点和边长"方式创建长方体的示意图如图 3.34 所示。

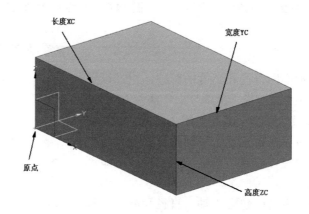

图 3.34   用"原点和边长"方式创建长方体

2)   两点和高度

先指定长方体一个面上的两个对角点，并设置长方体的高度参数，即可完成长方体的创建。用"两点和高度"方式创建长方体的步骤如下。

(1)   在"类型"下拉列表框中选择"两点和高度"选项。

(2)   在"原点"中单击"指定点"按钮，并在模型中选择点 1，再在"从原点出发的点 XC，YC"中单击"指定点"按钮，并在模型中选择点 2。

(3)   在"尺寸"中设置"高度"参数。

(4)   在"布尔"中选择布尔操作。

用"两点和高度"方式创建长方体的示意图如图 3.35 所示。

3)   两个对角点

直接在工作区指定长方体的两个对角点，即处于不同长方体面上的两个对角点，即可创建所需的长方体。用"两个对角点"方式创建长方体的步骤如下。

●   在"类型"下拉列表框中选择"两个对角点"选项。

●   在"原点"中单击"指定点"按钮，并在模型中选择原点，再在"从原点出发的点 XC,YC"中单击"指定点"按钮，并在模型中选择对角点。

●   在"布尔"中选择布尔操作。

用"两个对角点"方式创建长方体的示意图如图 3.36 所示。

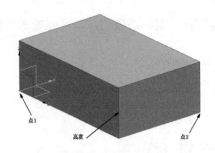

图 3.35　用"两点和高度"方式创建长方体

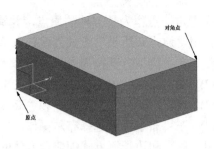

图 3.36　用"两个对角点"方式创建长方体

2. 圆柱体

柱体主要是指各种不同直径和高度的圆柱，通过设置位置和尺寸来创建圆柱体。选择"菜单"｜"插入"｜"设计特征"｜"圆柱体"命令，系统会打开如图 3.37 所示的"圆柱"对话框。可在该对话框中选择一种圆柱生成方式，然后设置柱体参数及指定柱体位置，单击"确定"按钮即可创建简单的柱体造型。

在"类型"下拉列表框中包含"轴、直径和高度"和"圆弧和高度"两个选项，两种类型所需设置的参数是不同的，下面分别介绍。

1）　轴、直径和高度

图 3.37　"圆柱"对话框

通过指定圆柱体的矢量方向和底面中心点的位置并设置其直径和高度，完成圆柱体的创建。用"轴、直径和高度"方式创建圆柱体的步骤如下。

(1)　在"类型"下拉列表框中选择"轴、直径和高度"选项。

(2)　在"轴"中分别指定矢量和点。

(3)　在"尺寸"中设置"直径"和"高度"参数。

(4)　在"布尔"中选择布尔操作。

用"轴、直径和高度"方式创建圆柱体的示意图如图 3.38 所示。

2）　圆弧和高度

首先需要在绘图区创建一条圆弧曲线，然后以该圆弧曲线作为所创建圆柱体的参照曲线并设置圆柱体的高度，即可完成圆柱体的创建。用"圆弧和高度"方式创建圆柱体的步骤如下。

(1)　在"类型"下拉列表框中选择"圆弧和高度"选项。

(2)　在"圆弧"中单击"选择圆弧"按钮，并在模型中选择圆弧。

(3)　在"尺寸"中设置"高度"参数。

(4)　在"布尔"中选择布尔操作。

用"圆弧和高度"方式创建圆柱体的示意图如图 3.39 所示。

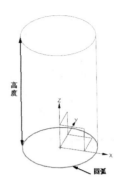

图 3.38 用 "轴、直径和高度" 方式创建圆柱体　　　图 3.39 用 "圆弧和高度" 方式创建圆柱体

3. 圆锥体

图 3.40 "圆锥" 对话框

锥体造型主要是构造圆锥和圆台实体。选择 "菜单" | "插入" | "设计特征" | "圆锥" 命令，系统会打开如图 3.40 所示的 "圆锥" 对话框。

在该对话框中选择一种锥体生成方式，并设置锥体参数，然后单击 "确定" 按钮即可创建简单的锥体造型。

在 "圆锥" 对话框的 "类型" 下拉列表框中有 "直径和高度" "直径和半角" "底部直径，高度和半角" "顶部直径，高度和半角" 和 "两个共轴的圆弧" 5 个选项。

1)　直径和高度

该方式通过指定锥体中心轴、底面的中线点、底部直径、顶部直径、高度数值及生成方向来创建锥体。用 "直径和高度" 方式创建圆锥体的步骤如下。

(1)　在 "类型" 下拉列表框中选择 "直径和高度" 选项。

(2)　在 "轴" 中单击 "指定矢量" 按钮，指定一矢量作为圆锥的矢量方向。

(3)　在 "轴" 中单击 "指定点" 按钮，通过点构造器指定圆锥的创建位置。

(4)　在 "尺寸" 中设置尺寸参数，最后单击 "确定" 按钮完成圆锥体的创建。

用 "直径和高度" 方式创建圆锥体的示意图如图 3.41 所示。

2)　直径和半角

该方式通过指定锥体中心轴、底面的中心点、底部直径、顶部直径、半角角度及生成方向来创建锥体。用 "直径和半角" 方式创建圆锥体的步骤如下。

(1)　在 "类型" 下拉列表框中选择 "直径和半角" 选项。

(2)　用与 "直径和高度" 创建类型相同的方法设置矢量和点。

(3)　设置圆锥的 "底部直径" "顶部直径" 和 "半角" 参数，单击 "确定" 按钮即可完成圆锥体的创建。

用 "直径和半角" 方式创建圆锥体的示意图如图 3.42 所示。

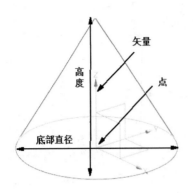

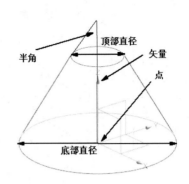

图 3.41 用"直径和高度"方式创建圆锥体　　图 3.42 用"直径和半角"方式创建圆锥体

3) "底部直径、高度和半角"和"顶部直径、高度和半角"

这两种方式与用"直径和半角"方式创建方法类似，这里不再赘述。

4) 两个共轴的圆弧

利用该方式创建圆锥体时，只需在视图中指定两个同轴的圆弧，即可创建出以这两个圆弧曲线为大端和小端圆面参照的圆锥体。用"两个共轴的圆弧"方式创建圆锥体的步骤如下。

- 在"圆锥"对话框的"类型"下拉列表框中选择"两个共轴的圆"选项。
- 在"基圆弧"中单击"选择圆弧"按钮，并在模型中选择"圆弧 1"，再在"顶圆弧"中单击"选择圆弧"按钮，并在模型中选择"圆弧 2"，最后单击"确定"按钮完成圆锥体的创建。

用"两个共轴的圆弧"方式创建圆锥体的示意图如图 3.43 所示。

4. 球体

球体造型主要是构造球形实体。选择"菜单"|"插入"|"设计特征"|"球"命令，系统会打开如图 3.44 所示的"球"对话框。在该对话框中选择一种球体生成方式，并设置参数，单击"确定"按钮即可创建所需的球体。

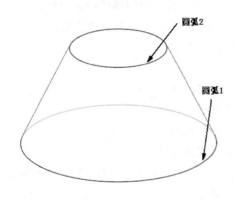

图 3.43 用"两个共轴的圆弧"方式创建圆锥体　　　图 3.44 "球"对话框

在"球"对话框的"类型"下拉列表框中包含"中心点和直径"和"圆弧"两种类型，每一种类型所需设置的参数是不同的，下面分别介绍。

1) 中心点和直径

使用此方式创建球体特征时，要先指定球体的球径，然后在"点"对话框中选取或创建球心，即可创建所需球体。用"中心点和直径"方式创建球体的步骤如下。

(1) 在"球"对话框的"类型"下拉列表框中选择"中心点和直径"选项，如图 3.44 所示。

在"中心点"中单击"指定点"按钮 ⬚，通过弹出的"点"对话框设置球心的坐标，单击"确定"按钮，创建球心所在的空间位置。

(2) 在"尺寸"中设置球的"直径"参数，单击"确定"按钮即可完成球体的创建。

用"中心点和直径"方式创建球体的示意图如图 3.45 所示。

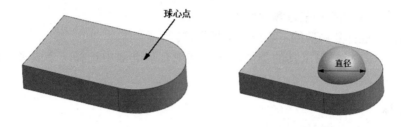

图 3.45　用"中心点和直径"方式创建球体

2) 圆弧

用该方式创建球体时，只需在图中选取现有的圆或圆弧曲线作为参考圆弧，即可创建出球体特征，球的过球心的圆和指定圆弧重合。用"圆弧"方式创建球体的步骤如下。

(1) 在"类型"下拉列表框中选择"圆弧"选项，如图 3.46 所示。

(2) 在模型中选择"圆弧"，系统会自动创建球体，效果如图 3.47 所示。

图 3.46　"球"对话框

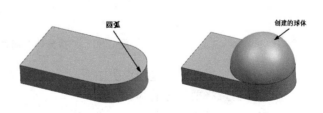

图 3.47　用"圆弧"方式创建球体

3.4.3　体特征操作

1. 修剪体

该命令可以使用一个面、基准平面或其他几何体修剪一个或多个目标体。选择"菜单" |

"插入" | "修剪" | "修剪体" 命令或单击 "主页" 选项卡中 "特征" 组中的 "修剪体" 按钮 ，系统会打开如图 3.48 所示的 "修剪体" 对话框。"修剪体" 示意图如图 3.49 所示。

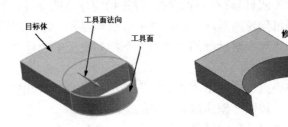

图 3.48 "修剪体" 对话框   图 3.49 "修剪体" 示意图

"修剪体" 对话框中的选项说明如下。

- 目标：选择要修剪的一个或多个目标体。
- 工具：选择修剪工具的类型。从体或现有基准面中选择一个或多个面以修剪目标体。

2. 拆分体

该命令使用面、基准平面或其他几何体分割一个或多个目标体。选择 "菜单" | "插入" | "修剪" | "拆分体" 或单击 "主页" 选项卡中 "特征" 组中的 "更多" 库下的 "拆分体" 按钮 ，系统会打开如图 3.50 所示的 "拆分体" 对话框。

图 3.50 "拆分体" 对话框

"拆分体" 对话框中的选项说明如下。

- 目标：选择要拆分的体。
- 工具：包括以下选项。
  - ➤ 面或平面：指定一个现有平面或面作为拆分平面。
  - ➤ 新建平面：创建一个新的拆分平面。
  - ➤ 拉伸：拉伸现有曲线或绘制曲线来创建工具体。
  - ➤ 回转：旋转现有曲线或绘制曲线来创建工具体。
- 设置：保留压印边，选中该复选框可以标记目标体与工具之间的交线。

3. 缩放体

该命令按比例缩放实体和片体。可以使用均匀、轴对称或通用的比例方式，此操作完全关联。需要注意的是：比例操作应用于几何体而不是组成该体的独立特征。选择"菜单"|"插入"|"偏置/比例"|"缩放体"命令或单击"主页"选项卡中"特征"组中的"更多"库下的"缩放体"按钮 🖿，系统会打开如图 3.51 所示的"缩放体"对话框。"均匀"缩放示意图如图 3.52 所示。

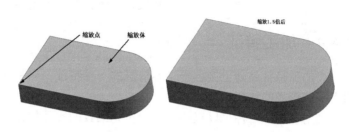

图 3.51　"缩放体"对话框　　　　图 3.52　"均匀"缩放示意图

"缩放体"对话框中的选项说明如下。

- 均匀：在所有方向上均匀地按比例缩放。
- 体：选择缩放对象。
- 缩放点：缩放中心点。默认的缩放中心点是当前工作坐标系的原点，也可以使用"点方式"指定另一个缩放中心点。该选项只在"均匀"和"轴对称"类型中可用。
  - ➤ 比例因子：指定比例因子(或乘数)，通过它来改变当前缩放对象的大小。
  - ➤ 轴对称：指定的比例因子(或乘数)沿指定的轴对称缩放。包括沿指定的轴指定一个比例因子并指定另一个比例因子用在另外两个轴方向。
  - ➤ 缩放轴：为比例操作指定一个参考轴。只可用在"轴对称"方法中。默认是工作坐标系的 Z 轴。可以通过使用"矢量方法"功能来改变它。"轴对称"缩放示意图如图 3.53 所示。

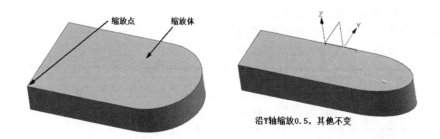

图 3.53　"轴对称"缩放示意图

- 常规：在 X、Y、Z 三个方向上以不同的比例因子缩放。

> ➤ 缩放 CSYS：指定一个参考坐标系。单击该按钮打开"坐标系构造器"，用它
来指定一个参考坐标系，示意图如图 3.54 所示。

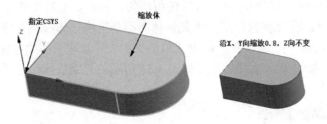

图 3.54　"常规"缩放示意图

3.4.4　加工特征

"加工特征"是更接近于真实情况的一种特征，它是在已有实体上进行材料去除或材料添加来形成的特征。

利用该特征工件可以直接创建出更为细致的实体特征，如在实体上创建孔、凸台、腔体、垫块、键槽、螺纹等。

1. 孔

"孔"是所有加工特征中最常用的特征。孔的类型包括简单孔、沉孔和锥形沉孔。选择"菜单"|"插入"|"设计特征"|"孔"命令或单击"主页"选项卡中的"孔"按钮 ，系统会打开如图 3.55 所示的"孔"对话框。

"孔"特征的一般创建步骤如下。

(1) 指定孔的类型。

(2) 选择实体表面或基准平面作为孔放置平面和通孔平面。

(3) 设置孔的参数及打通方向。

(4) 确定孔在实体上的位置，完成创建所需要的孔。

在"孔"对话框的"形状"下拉列表框中有 4 种孔的类型，分别为简单孔、沉头孔、埋头孔和锥孔，下面对前 3 种孔的参数设置进行介绍。

1) 简单孔

在"孔"对话框的"形状"下拉列表框中选择"简单孔"选项，如图 3.56 所示，即可创建简单孔。下面介绍创建简单孔的步骤。

(1) 在"形状"下拉列表框中选择"简单孔"选项。

(2) 设置"直径""深度"和"顶锥角"参数。

(3) 在"位置"中单击"点"按钮 ，并在模型中选择点进行定位。也可在"位置"中单击 按钮，打开"创建草图"对话框，通过草图功能创建一个或多个点。

(4) 在"方向"中的"孔方向"下拉列表框中指定钻孔的方向。

(5) 单击"确定"按钮或"应用"按钮即可创建简单孔。

2) 沉头孔和埋头孔

在"孔"对话框的"形状"下拉列表框中选择"沉头孔"或"埋头孔"选项，即可创建沉头孔或埋头孔，创建步骤和简单孔相似，这里就不详细讲解了。

图 3.55　"孔"对话框

图 3.56　选择"简单孔"选项

2. 凸台

圆形凸台是构造在平面上的形体。创建的凸台特征和孔特征类似，不同之处在于凸台的生成方向和孔的生成方向相反。创建的凸台和目标体的布尔关系默认为"求和"。选择"菜单"|"插入"|"设计特征"|"凸台"命令或单击"主页"选项卡中的"凸台"按钮，系统会打开如图 3.57 所示的"凸台"对话框。

图 3.57　"凸台"对话框

创建凸台的步骤如下。

(1) 在"凸台"对话框中设置"直径""高度"和"锥角"参数，如图 3.58 所示。

(2) 在模型中选择放置面，系统会弹出如图 3.59 所示的"定位"对话框。

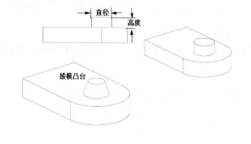

图 3.58　参数设置

图 3.59　"定位"对话框

(3) 在对话框中选择一种定位方式对凸台进行定位。

3. 腔体

型腔是创建于实体或片体上，在目标体上去除一定形状的材料。选择"菜单"|"插入"|"设计特征"|"腔体"或单击"主页"选项卡中"特征"组中的"腔体"按钮，系

统会打开如图 3.60 所示的"腔体"对话框。在对话框中可以选择圆柱坐标系、矩形或常规构造方式，下面分别进行介绍。

图 3.60　"腔体"对话框

1）圆柱

用于定义一个圆形腔体，按照特定的深度，包含或不包含倒圆底面，并具有直面或斜面。"圆柱"腔体的创建步骤如下.

(1) 在"腔体"对话框中单击"圆柱坐标系"按钮，打开如图 3.61 所示的"圆柱形腔体"对话框。

(2) 在模型中选择腔体的放置面，系统会弹出如图 3.62 所示的对话框，在其中设置腔体的参数，参数示意图如图 3.63 所示。

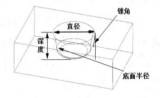

图 3.61　"圆柱形腔体"对话框　　图 3.62　参数设置对话框　　图 3.63　参数示意图

2）矩形

用于定义一个矩形腔体，按照特定的长度、宽度和深度，在拐角和底面具有特定半径，并且有直面或斜面。"矩形"腔体的创建步骤如下。

(1) 在"腔体"对话框中单击"矩形"按钮，打开"矩形腔体"对话框，并在模型中选择腔体的放置面，选择完成后系统会自动打开"水平参考"对话框。

(2) 在模型中选择一个已存矢量或一个对象以判断矢量，指定矢量后弹出如图 3.64 所示的"矩形腔体"对话框。

(3) 在"矩形腔体"对话框中设置腔体的参数。参数示意图如图 3.65 所示。

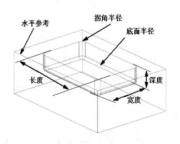

图 3.64　"矩形腔体"对话框　　　　　图 3.65　参数示意图

4. 垫块

凸垫是创建在实体或片体上的形体,即在目标体上添加材料,创建的垫块和目标体的布尔关系默认为"求和"。

选择"菜单"|"插入"|"设计特征"|"垫块"命令或单击"主页"选项卡中"特征"组中的"垫块"按钮 📦 ,系统会打开如图3.66所示的"垫块"对话框。垫块有两种类型,分别是"矩形"和"常规"。

"矩形"是指创建的垫块形状为矩形。创建"矩形"垫块的步骤如下。

(1) 在"垫块"对话框中单击"矩形"按钮,即可打开如图3.67所示的"矩形垫块"对话框。

图 3.66 "垫块"对话框

图 3.67 "矩形垫块"对话框

(2) 在模型中选择垫块的放置面,选择完成后,系统会自动打开"水平参考"对话框。

(3) 在模型中选择一个已存矢量或一个对象以判断矢量,指定矢量后系统弹出如图3.68所示的"矩形垫块"对话框。

(4) 在"矩形垫块"对话框中设置"长度""宽度""高度""拐角半径"和"锥角"参数,参数示意图如图3.69所示,最后单击"确定"按钮即可创建矩形垫块。

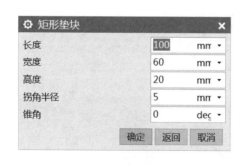

图 3.68 参数设置对话框

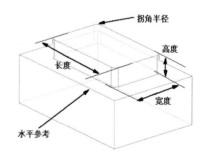

图 3.69 参数示意图

3.5 拓 展 练 习

练习绘制图3.70~图3.73。

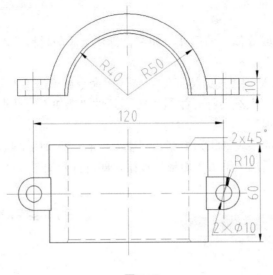

图 3.70

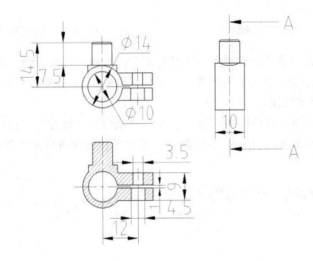

图 3.71

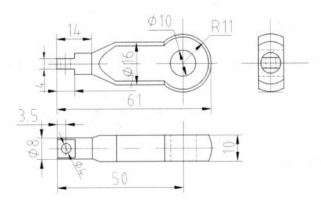

图 3.72

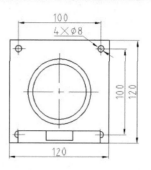

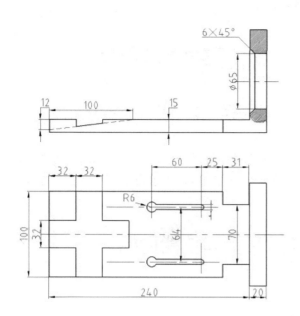

图 3.73

项目 4 创建轴类零件

4.1 项 目 描 述

旋转特征就是将一定形状的截面绕指定轴线旋转一定角度后得到的实体特征，旋转特征主要用于生成回转类实体，例如轴类零件、齿轮等。本项目主要通过轴类零件的绘制来介绍旋转特征的创建过程。

4.2 知识目标和技能目标

知识目标

1. 掌握旋转特征的操作步骤和技巧。
2. 掌握键槽、槽的定位和创建过程。
3. 掌握基准平面、基准轴和基准坐标系的创建。
4. 掌握螺纹的创建。
5. 掌握边倒圆、面倒圆和倒斜角等细节特征的创建。

技能目标

具备一般旋转特征的建模能力。

4.3 实 施 过 程

创建如图 4.1 所示的轴类零件。

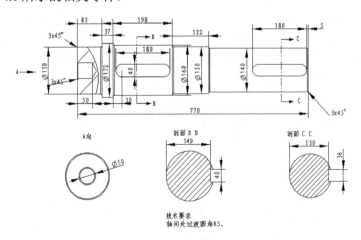

图 4.1 轴类零件

1. 启动 NX 10.0 软件和新建文件

启动 NX 10.0 软件，新建名称为"轴类.prt"的建模类型文件，再单击"确定"按钮，如图 4.2 所示，进入 UG 主界面。

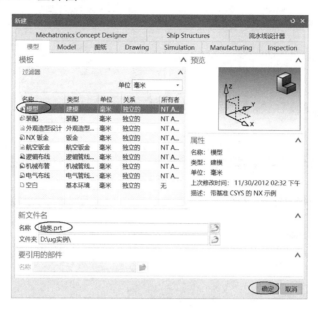

图 4.2　"新建"对话框

2. 创建旋转截面草图

单击"草图"按钮，或选择"菜单"|"插入"|"草图"命令，系统默认选择 XY 平面作为草图绘制平面，单击对话框中的"确定"按钮，进入草图环境，绘制如图 4.3 所示的旋转截面草图。完成草图绘制并退出后，需要保存文件。

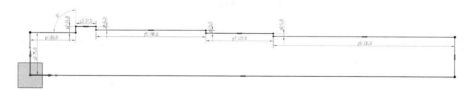

图 4.3　旋转截面草图

3. 创建旋转特征

(1) 单击"旋转"按钮，或选择"菜单"|"插入"|"设计特征"|"旋转"命令，如图 4.4 所示，系统弹出如图 4.5 所示的"旋转"对话框。

(2) 单击"选择曲线"按钮 ＊选择曲线(0)，然后选择绘制的旋转截面草图对象，如图 4.6 所示。

(3) 单击"轴"下的"指定矢量"按钮 ＊指定矢量，选择 X 轴作为选择轴，如图 4.7 所示。单击"轴"下的"指定点"按钮 ＊指定点，选择坐标原点为通过点，如图 4.8 所示。

图 4.4　选择"旋转"命令

图 4.5　"旋转"对话框

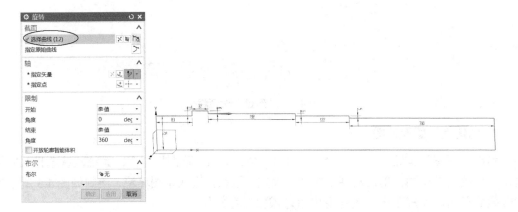

图 4.6　选择曲线

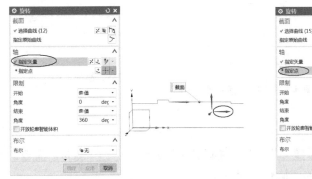

图 4.7　指定矢量

图 4.8　指定通过点

　　(4) 在"限制"下的"开始"下拉列表框中选择"值",在"角度"文本框中输入"0°";在"结束"下拉列表框中选择"值",在"角度"文本框中输入"360°",单击"确定"按钮即可完成旋转特征的创建,如图 4.9 所示。

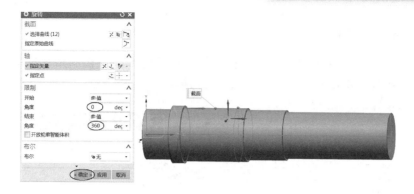

图 4.9　完成旋转特征创建

4. 创建孔

单击"孔"按钮 ,或选择"菜单"|"插入"|"设计特征"|"孔"命令,如图 4.10 所示,系统弹出如图 4.11 所示的"孔"对话框。

图 4.10　选择"孔"命令

图 4.11　"孔"对话框

在"类型"下拉列表框中选择默认的"常规孔"类型,在"位置"下的"指定点"中选择左侧端面圆中心,如图 4.12 所示,其他参数按如图 4.13 所示设置,单击"确定"按钮完成孔创建。

图 4.12　指定孔中心

图 4.13　孔参数设置

5. 边倒角和边倒圆

单击  按钮，或选择"菜单"|"插入"|"细节特征"|"倒斜角"命令，如图 4.14 所示，系统弹出如图 4.15 所示的"倒斜角"对话框。

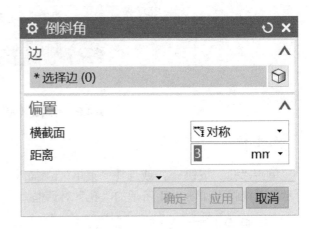

图 4.14　选择"倒斜角"命令　　　　　　图 4.15　　"倒斜角"对话框

单击"选择边"按钮，选择如图 4.16 所示的三条边作为倒角对象，其他参数设置按图示，单击"确定"按钮即可完成边倒角特征的创建。

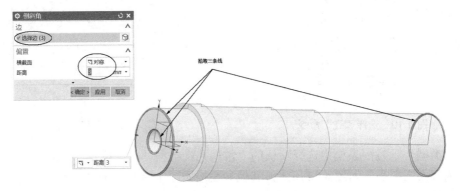

图 4.16　选择倒角边

单击  按钮，或选择"菜单"|"插入"|"细节特征"|"边倒圆"命令，系统弹出如图 4.17 所示的"边倒圆"对话框。

图 4.17　　"边倒圆"对话框

单击"选择边"按钮，选择如图 4.18 所示的四条边作为倒角对象，其他参数设置按图示，单击"确定"按钮即可完成边倒圆特征的创建。

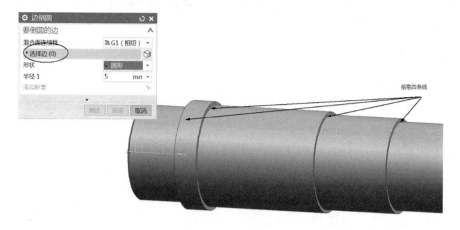

图 4.18　选择倒圆边

6. 创建基准平面

单击 ^{基准平面} 按钮，或选择"菜单"|"插入"|"基准/点"|"基准平面"命令，如图 4.19 所示，系统弹出如图 4.20 所示的"基准平面"对话框。

图 4.19　选择"基准平面"命令

图 4.20　"基准平面"对话框

单击"选择对象"按钮，选择如图 4.21 所示的圆柱面，单击"应用"按钮完成第一个基准平面的创建。继续单击"选择对象"按钮，选择如图 4.22 所示的圆柱面，单击"确定"按钮完成第二个基准平面的创建。

图 4.21　选择第一个圆柱面

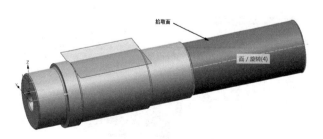

图 4.22　选择第二个圆柱面

7. 创建键槽特征

单击 键槽 按钮，或选择"菜单" | "插入" | "设计特征" | "键槽"命令，如图 4.23 所示，系统弹出如图 4.24 所示的"键槽"对话框。

图 4.23 选择"键槽"命令

图 4.24 "键槽"对话框

1) 创建左键槽

在如图 4.24 所示的"键槽"对话框中，选中"矩形槽"单选按钮，单击"确定"按钮，弹出"矩形键槽"对话框，选择如图 4.25 的基准平面作为键槽放置面，然后单击"接受默认边"按钮，如图 4.26 所示。在弹出的"水平参考"对话框中选择 X 轴作为水平参考对象，如图 4.27 所示。在弹出的"矩形键槽"对话框中输入如图 4.28 所示尺寸，单击"确定"按钮。

图 4.25 选择第一个基准平面

图 4.26 接受默认边

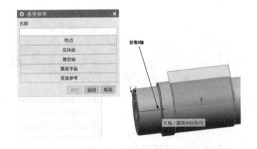

图 4.27 选择 X 轴为水平参考对象

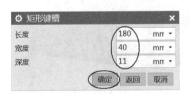

图 4.28 设置矩形键槽尺寸

在弹出的定位对话框中，单击"按一定距离平行"按钮 ，然后依次选择 Y 轴和键槽短中心线，如图 4.29 所示。在"创建表达式"对话框中输入"220mm"，如图 4.30 所示，单击"确定"按钮，确定键槽水平定位尺寸。

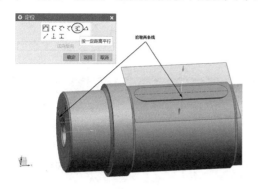

图 4.29　键槽水平尺寸定位

图 4.30　输入键槽水平定位尺寸

再次弹出"定位"对话框，单击"线落在线上"按钮 ，然后依次选择 X 轴和键槽长中心线，如图 4.31 所示，键槽创建完成，单击如图 4.32 所示的"返回"按钮准备创建下一个键槽。

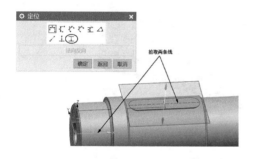

图 4.31　键槽竖直尺寸定位

图 4.32　返回键槽创建

2)　创建右键槽

在返回的键槽对话框中，再次选中"矩形槽"单选按钮，单击"确定"按钮，在弹出的"矩形键槽"对话框中选择如图 4.33 所示右侧基准平面作为键槽放置面。然后单击"接受默认边"按钮，选择 X 轴作为水平参考对象，在弹出的"矩形键槽"尺寸对话框中输入如图 4.34 所示的尺寸，单击"确定"按钮。

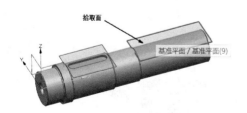

图 4.33　选择右侧基准平面

图 4.34　设置矩形键槽尺寸

在弹出的"定位"对话框中，单击"按一定距离平行"按钮 ，然后依次选择 Y 轴和键槽短中心线，如图 4.35 所示。在"创建表达式"对话框中输入"675mm"，如图 4.36 所示，单击"确定"按钮，确定键槽水平定位尺寸。

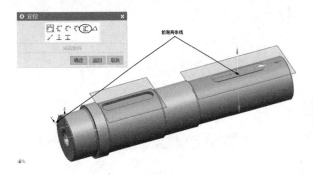

图 4.35　键槽水平定位　　　　　　　　　图 4.36　输入键槽定位尺寸

再次弹出"定位"对话框，单击"线落在线上"按钮 ⊥，然后依次选择 X 轴和键槽长中心线，如图 4.37 所示，键槽创建完成，单击"取消"按钮退出键槽命令。

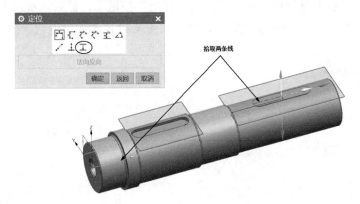

图 4.37　键槽竖直尺寸定位

8. 隐藏对象和保存文件

在部件导航器中，按住 Ctrl 键的同时用左键选中如图 4.38 所示的四个对象，然后单击鼠标右键，选择"隐藏"命令，将所选对象隐藏，效果如图 4.39 所示。

图 4.38　隐藏对象　　　　　　　　　　图 4.39　隐藏后轴零件效果

单击▣按钮或选择"文件"|"保存"|"保存"命令，保存好创建的轴类零件图。

4.4   知 识 学 习

4.4.1   旋转

旋转特征是一个截面轮廓绕指定轴旋转一定角度所形成的特征。在"特征"工具栏中单击"旋转"按钮 旋转，或选择"菜单"|"插入"|"设计特征"|"旋转"命令，系统弹出"旋转"对话框，如图 4.40 所示。

图 4.40   "旋转"对话框

通过旋转，可以生成实体、薄壳和曲面对象，如图 4.41 所示。

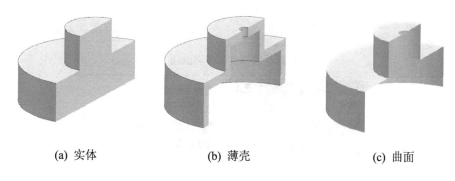

| (a) 实体 | (b) 薄壳 | (c) 曲面 |

图 4.41   旋转特征类型

下面介绍旋转特征的创建过程。

(1) 绘制如图 4.42 所示的旋转截面轮廓，退出草图。

在绘制旋转截面时，所有的曲线轮廓必须在旋转轴线的一侧。

可以在创建旋转特征前绘制好旋转截面草图，也可以进入旋转特征创建后，通过单击"旋转"对话框中的 按钮绘制截面草图，如图 4.43 所示。

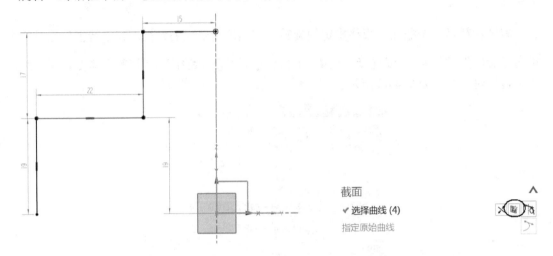

图 4.42 绘制旋转截面轮廓   图 4.43 单击"草图"按钮

(2) 在"旋转"对话框中单击"选择曲线"按钮，选取如图 4.44 所示的曲线作为旋转截面线。"选择曲线"中各图标的含义如图 4.45 所示。

图 4.44 选择旋转截面曲线

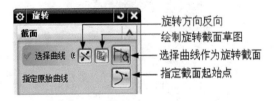

图 4.45 "选择曲线"中各图标的含义

(3) 单击"指定矢量"，如图 4.46 所示，选择竖直轴为旋转中心轴，在"限制"选项中按系统默认值设定。"指定矢量"有多种方式，含义如图 4.47 所示。

图 4.46　指定矢量轴

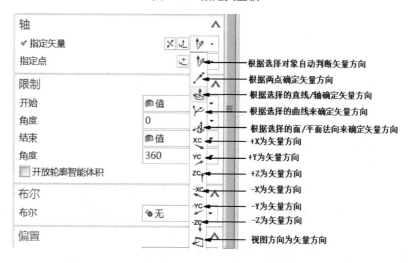

图 4.47　各矢量指定方式的含义

(4) 设置"限制"选项。其中各参数的含义如图 4.48 和图 4.49 所示，本例按系统默认设定。

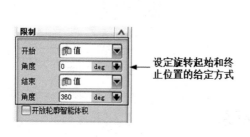

图 4.48　"限制"选项

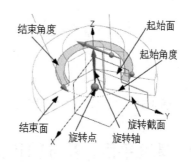

图 4.49　旋转起始、终止含义

(5) 设置"布尔"选项。布尔运算是对已存在的两个或多个实体进行求和、求差和求交的操作，经常用于需要剪切实体、合并实体以及获取实体交叉部分的情况。

"布尔"选项中的各项含义如下。

- "无"表示不对实体进行布尔运算。
- "求和"表示将两个或多个不同的实体合并为一个独立的实体。
- "求差"用于从目标体中删除一个或多个工具体，也就是求实体间的差集。所选的工具体必须与目标体相交，否则，在相减时会产生出错信息，而且它们之间的边缘也不能重合。
- "求交"表示使目标体和所选工具体的相交部分成为一个新的实体，也就是求实体间的交集。

本实例选择默认的"无"。

(6) 设置"偏置"选项。该选项可以使生成的对象为薄壳体，如图 4.50 所示设置，则生成的薄壳体厚度为 8。

图 4.50   "偏置"选项设定

(7) 设置"设置"和"预览"选项。

"设置"选项可以使生成的对象为实体或片体，如图 4.52 所示。片体对象即为曲面，是没有厚度的实体。但在"偏置"选项中设置生成薄壳体时则在本选项下无法生成片体。

选中"预览"复选框，然后单击"显示效果"按钮则可以对生成的对象进行预览，如图 4.51 所示。

(8) 设置好以上选项后，单击"确定"按钮，生成如图 4.52 所示实体。

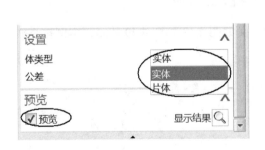

图 4.51   "设置"和"预览"选项

图 4.52   旋转实体

4.4.2 基准平面、基准轴和基准坐标系

在 UG NX 的使用过程中，经常会遇到需要制定基准特征的情况。例如，在圆柱面上生成键槽时，需要指出平面作为键槽放置面，此时，需要建立基准平面；在建立特征的辅助

轴线或参考方向时需要建立基准轴；在有些情况下还需要建立基准坐标系。

1. 基准平面

单击 基准平面 按钮，或选择"菜单"|"插入"|"基准/点"|"基准平面"命令，系统弹出如图 4.53 所示的"基准平面"对话框。利用该对话框可以建立基准平面。在"类型"下拉列表框中可以选择基准平面的创建方法，各种创建方法介绍如下。

图 4.53　"基准平面"对话框

1) 自动判断

用自动判断方式创建平面包括三点和偏置两种方法。

● 三点方法：利用点构造器创建三个点或选取三个已存在点，可创建一个基准平面。

● 偏置方法：选择一个平面或基准平面并且输入偏置值，系统会建立一个基准平面，该平面与参考平面的距离为所设置的偏置值。如图 4.54 所示为选择顶面通过偏置距离 20 创建的基准平面。

2) 成一角度

选择一个平面或基准平面，再选择一个线性曲线或轴，则会建立一个"成一角度"基准平面。该平面与参考平面的夹角为所设置的角度值。如图 4.55 所示为选择顶面和左侧棱创建的基准平面。

图 4.54　"自动判断"方式创建基准平面

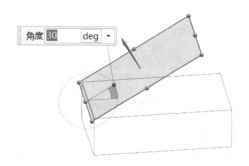

图 4.55　"成一角度"方式创建基准平面

3) 按某一距离

选择一个平面或基准平面并输入值，则会建立一个基准平面。该平面与参考平面的距离为所设置的偏置值，含义与"自动判断"下的偏置方式相同。

4) 二等分

选择两个平行的平面或基准面，系统会在所选的平面之间创建基准平面。创建的基准平面与所选的两个平面的距离相等。如图 4.56 所示为选择左右两个侧面创建的二等分基准平面。

5) 曲线和点

通过选择一个点和一条曲线或者一个点来定义基准平面。若选择一个点和一条曲线，当点在曲线上时，该基准平面通过该点且垂直于曲线在该点处的切线方向；当点不在曲线上时，则该基准平面通过该点和该条曲线。若选择两个点来定义基准平面，则该基准平面处于该两点的连线要通过第一个点。如图 4.57 所示为选择一条直线和该直线端点创建的基准平面。

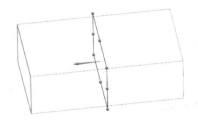

图 4.56 "二等分"方式创建基准平面

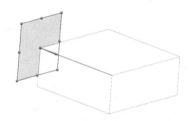

图 4.57 "曲线和点"方式创建基准平面

6) 两直线

通过选择两条直线来创建基准平面，该平面通过这两条直线或者通过其中一条直线和与该条直线平行的直线。如图 4.58 所示为选择两条平行线创建的基准平面。

7) 通过对象

通过选择一条直线、曲线或者一个平面来创建基准平面，该平面垂直于所选直线，或通过所选的曲线或平面。如图 4.59 所示，选择的斜直线为通过对象创建的基准平面。

图 4.58 "两直线"方式创建基准平面

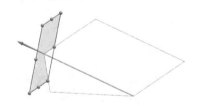

图 4.59 "通过对象"方式创建基准平面

8) 相切

通过选择一个曲面或者一个曲面与一个点来创建基准平面，该平面与曲面相切，基准平面的法线方向指向该点。如图 4.60 所示，图 4.60(a)表示创建的基准平面与圆柱面相切；图 4.60(b)表示创建的基准平面与球面相切且法线方向指向选择的点。

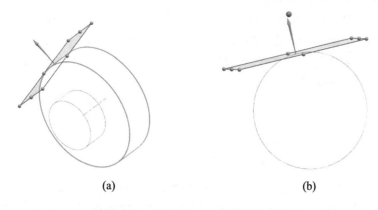

(a)　　　　　　　　　　　　　　(b)

图 4.60　"相切"方式创建基准平面

9)　点和方向

通过选择一个参考点和一个参考矢量，建立通过该点且垂直于所选矢量的基准平面。如图 4.61 所示为选择斜直线中点和底边创建的基准平面。

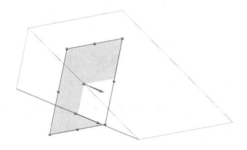

图 4.61　"点和方向"方式创建基准平面

10)　曲线上

通过选择一条参考曲线创建基准平面，该基准平面垂直于该曲线某点处的切线矢量或法向矢量。通过选择位置方式来确定该基准平面的位置。如图 4.62 所示为选择斜直线弧长为 12 创建的基准平面。

11)　YC-ZC 平面

YC-ZC 平面方式是将 YC-ZC 平面偏置某一距离来创建基准平面。如图 4.63 所示是偏置距离为 22 的平行于 YC-ZC 平面的基准平面。

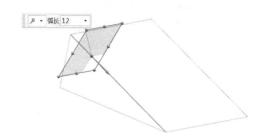

图 4.62　"曲线上"方式创建基准平面　　　图 4.63　"YC-ZC 平面"方式创建基准平面

XC-ZC 平面、YC-XC 平面与 YC-ZC 平面方式类似，这里不再赘述。

如果要对某一个基准平面进行编辑，可在要编辑的基准平面上双击鼠标左键，此时会弹出"基准平面"对话框，并进入编辑状态。用户只需修改该对话框中的参数，然后单击"确定"按钮即可完成编辑操作。

2. 基准轴

基准轴可用作旋转中心、镜像中心，也可用于指定拉伸体和基准平面的方向。创建基准轴的方法与创建平面的方法大致相同。

单击 按钮，或选择"菜单"|"插入"|"基准/点"|"基准轴"命令，系统弹出如图 4.64 所示的"基准轴"对话框。"类型"下拉列表框中各主要选项的含义如下。

图 4.64　"基准轴"对话框

1)　自动判断

系统根据所选对象选择可用的约束，自动判断生成基准轴。选择一条已存在的直线，单击"确定"按钮，则创建的基准轴与该直线重合；选择或构造一个点，再选择一条直线，单击"确定"按钮，则创建的基准轴通过该点且平行于该直线；选择或构造两个点，则所创建的基准轴通过这两个点。

2)　交点

通过选择两个平面来创建基准轴，所创建的基准轴与这两个平面的交线重合。如图 4.65 所示为选择平面 1 和平面 2 后创建的基准轴。

3)　曲线/面轴

通过选择一条直线或面的边来创建基准轴，所创建的基准轴与该直线或面的边重合。如图 4.66 所示为选择一条边后创建的基准轴,注意用鼠标左键双击基准轴箭头可以使其反向。

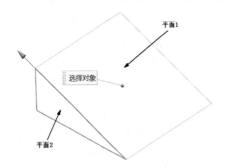

图 4.65　"交点"方式创建基准轴

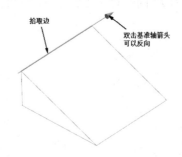

图 4.66　"曲线/面轴"方式创建基准轴

4)　曲线上矢量

通过选择一条曲线为参照，同时，选择曲线上的起点来定义基准轴，该起点的位置可以通过圆弧长来改变，所创建的基准轴与所选曲线重合。如图 4.67 所示为选择顶圆为曲线、弧长为 6 创建的基准轴。

5)　XC 轴

创建的基准轴与 XC 轴重合，YC 轴、ZC 轴的含义与其类似。

6)　点和方向

通过选择一个参考点和一个矢量，建立通过该点且平行或垂直于所选矢量的基准轴，如图 4.68 所示。

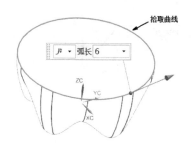
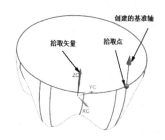

图 4.67　"曲线上矢量"方式创建基准轴　　　图 4.68　"点和方向"方式创建基准轴

7)　"两点"

通过选择两个点的方式来定义基准轴，选择时可以利用"点构造器"对话框来帮助完成。指定的第一点为基准轴的定点，第一点到第二点的方向为基准轴的方向。

3.　基准坐标系

基准坐标系就是在视图中创建一个类似于原点坐标系的新坐标系，该坐标系同样有矢量方向等性质。

单击 基准CSYS 按钮，或选择"菜单"|"插入"|"基准/点"|"基准 CSYS"命令，系统弹出如图 4.69 所示的"基准 CSYS"对话框。"类型"下拉列表框中各主要选项的含义如下。

图 4.69　"基准 CSYS"对话框

1) 动态

可以通过拖动球形手柄来旋转坐标系，拖动锥形手柄来移动坐标系；也可以通过输入 X、Y、Z 方向上要移动的距离来移动坐标系，如图 4.70 所示。

2) 自动判断

根据用户选择的对象和输入的分量参数通过自动判断来创建坐标系。例如，选择两条互相垂直的直线，再选择它们的交点创建如图 4.71 所示的坐标系。

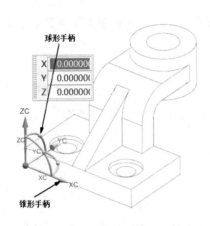

图 4.70 "动态"方式创建坐标系

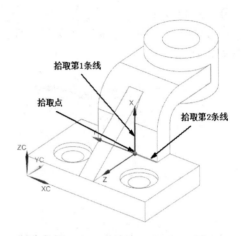

图 4.71 "自动判断"方式创建坐标系

3) 原点，X 点，Y 点

通过依次指定的 3 个点来创建一个坐标系。指定的第 1 个点为原点，第 1 个点至第 2 个点的矢量为坐标系的 X 轴，第 1 个点至第 3 个点的矢量为坐标系的 Y 轴，而坐标系的 Z 轴由右手定则来确定，如图 4.72 所示。

4) X 轴，Y 轴，原点

通过定义或选择两个矢量，然后指定一点作为原点来创建坐标系。指定的一点作为坐标原点，指定的第 1 条直线作为 X 轴方向，第 2 条直线为 Y 轴方向，而坐标系的 Z 轴由右手定则确定，如图 4.73 所示。

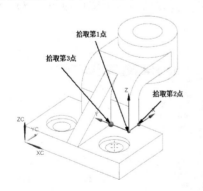

图 4.72 "原点，X 点，Y 点"方式创建坐标系

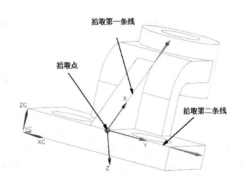

图 4.73 "X 轴，Y 轴，原点"方式创建坐标系

5) "Z 轴，X 轴，原点"和"Z 轴，Y 轴，原点"

创建方法同"X 轴，Y 轴，原点"。

6）　三平面

通过指定三个平面来创建坐标系。第 1 个平面的法线矢量作为坐标系的 X 轴，第 2 个平面的法线矢量作为坐标系的 Y 轴，第 3 个平面与第 1、2 平面的相交点作为坐标原点，而坐标系的 Z 轴由右手定则来确定，如图 4.74 所示。

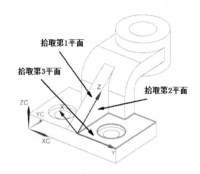

图 4.74　"三平面"方式创建坐标系

7）　绝对 CSYS

创建一个与绝对坐标系重合的基准坐标系。

8）　当前视图 CSYS

使用当前视图创建坐标系。坐标系的原点为视图的中心，视图水平向右方向为 X 轴，竖直向上方向为 Y 轴，垂直于屏幕向外的方向为 Z 轴。

9）　偏置 CSYS

先选择一个坐标系作为参考坐标系，然后输入相对于该坐标系的偏置距离以及旋转的角度来创建一个新的坐标系。

4.4.3　键槽

键槽特征可以创建矩形槽、球形槽、U 形槽、T 形槽和燕尾槽等多种形式，如图 4.75 所示。下面仅以创建矩形槽为例介绍键槽特征的创建过程。

在长方体(150mm×100mm×20mm)上创建如图 4.76 所示的 80mm×20mm×10mm 键槽和 10mm×15mm 通槽。

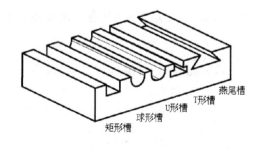

图 4.75　键槽形式

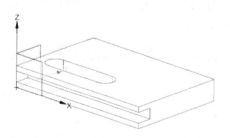

图 4.76　创建键槽结果

1. 创建 80mm×20mm×10mm 键槽

(1) 选择"菜单"|"插入"|"设计特征"|"键槽"命令，或者单击"键槽"工具按钮 ，系统弹出如图 4.77 所示的"键槽"对话框。

(2) 选中"矩形槽"单选按钮，单击"确定"按钮，系统弹出"矩形键槽"对话框，如图 4.78 所示。

图 4.77 "键槽"对话框   图 4.78 "矩形键槽"对话框

(3) 选择长方体的顶面作为放置面，系统弹出"水平参考"对话框，如图 4.79 所示。

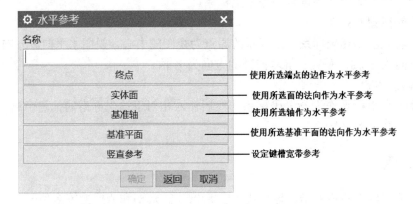

图 4.79 "水平参考"对话框

(4) 选择 X 轴作为水平参考，单击"确定"按钮，系统弹出"矩形键槽"对话框，如图 4.80 所示。

(5) 输入如图 4.80 所示的尺寸，单击"确定"按钮，系统弹出"定位"对话框，如图 4.81 所示。

图 4.80 "矩形键槽"对话框   图 4.81 "定位"对话框

单击"按一定距离平行"按钮 ⊥，按图 4.82 所示顺序选择对象，输入尺寸"30"，单击"确定"按钮，返回"定位"对话框。

(6) 再次选择 ⊥ 按钮，按图 4.83 所示顺序选择对象，输入尺寸"50"，单击"确定"按钮，完成键槽定位，如图 4.84 所示。

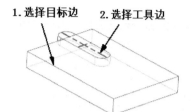

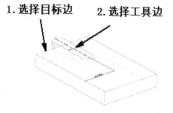

图 4.82　确定定位尺寸"30"　　　图 4.83　确定定位尺寸"50"　　　图 4.84　键槽创建完成

2. 创建 10mm×15mm 通槽

(1) 单击"键槽"工具按钮 🔲 键槽，系统弹出"键槽"对话框。

(2) 在"键槽"对话框中选中"通槽"复选框后，选中"矩形槽"单选按钮，系统弹出"矩形槽"对话框。

(3) 选择立方体前侧面作为放置面，系统弹出"水平参考"对话框。

(4) 选择立方体的顶面，以顶面的法线方向作为水平参考，单击"确定"按钮，系统弹出"矩形键槽"对话框。选择立方体的左侧面作为键槽的起始面，右侧面作为键槽的终止面，如图 4.85 所示。

(5) 在弹出的对话框中输入键槽的宽度"10"和深度"15"，单击"确定"按钮，系统弹出"定位"对话框。

(6) 单击 ⊥ 按钮，按图 4.86 所示顺序选择对象，输入尺寸"10"，结果如图 4.87 所示。

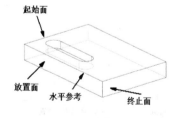

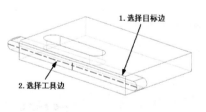

图 4.85　通槽放置参考　　　　图 4.86　键槽定位　　　　图 4.87　通槽创建完成

3. "定位"对话框

在 UG NX 中创建细节特征(如键槽、槽、腔体、凸台、垫块等)时，都要用到特征的定位。不同的特征，定位对话框的内容会略有不同，但基本功能和选项一致，常用的定位方式如表 4.1 所示。

表 4.1 定位方式

图 标	命 令	用 法
	水平	水平定位必须确定水平参考。通过选择两点确定在水平参考方向上的定位尺寸
	竖直	竖直定位也必须确定水平或竖直参考，通过选择两点来确定和水平参考方向垂直的定位尺寸
	平行	选择两点，生成两点之间距离，在特征放置面上的投影长度来定位尺寸
	垂直	通过指定目标边和工具点，系统以点到线距离方式创建定位尺寸
	按一定距离平行定位	限制选择的目标边和工具边平行，生成它们之间的距离尺寸，用于特征的定位
	斜角	通过指定目标边和工具边平行，创建它们之间的角度尺寸，用于特征的定位
	点落在点上	使选择的工具点落到目标点上
	点落在线上	使工具点落到选择的目标边上
	线落在线上	使工具边和目标边重合

4.4.4 环形槽

环形槽在各类机械零件中也是很常见的。"槽"特征用于将一个外部或内部槽添加到实体的圆柱形或锥形面上。选择"菜单"|"插入"|"设计特征"|"槽"命令，或者在"主页"选项卡中单击 按钮，即可打开如图 4.88 所示的"槽"对话框，槽共有 3 种类型，分别为矩形、球形端槽和 U 形槽。槽类型示意图如图 4.89 所示，下面分别进行介绍。

图 4.88 "槽"对话框

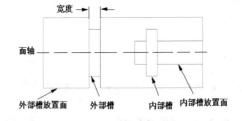

图 4.89 槽类型示意图

1. 矩形

"矩形"是指创建横截面为矩形的槽。矩形槽的创建步骤如下。

(1) 在"槽"对话框中单击"矩形"按钮，打开如图 4.90 所示的"矩形槽"对话框。

(2) 在模型中选择槽的放置面，选择完毕后系统会自动打开如图 4.91 所示的参数设置对话框。注意：此处选择的槽放置面必须为圆柱面或圆锥面，不能是平面，这是键槽和槽最大的区别。

图 4.90　"矩形槽"对话框

图 4.91　"矩形槽"参数设置对话框

(3) 设置"槽直径"和"宽度"的参数，设置完毕后单击"确定"按钮，系统会打开如图 4.92 所示的"定位槽"对话框。

(4) 选择如图 4.93 所示的"目标边"和"刀具边"，输入相应尺寸，完成槽特征的定位。

图 4.92　"定位槽"对话框

图 4.93　"目标边"与"刀具边"

2. 球形端槽

球形端槽是指创建的槽端面为球形。在"槽"对话框中单击"球形端槽"按钮，即可进入球形端槽的创建，其创建步骤和矩形类似，在此就不做介绍了。球形端槽的参数设置对话框如图 4.94 所示，其参数示意图如图 4.95 所示。

图 4.94　"球形端槽"参数设置对话框

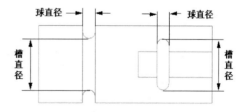

图 4.95　参数示意图

3. U 形槽

U 形槽是指创建的横截面为 U 形。在"槽"对话框中单击"U 形槽"按钮，即可进入 U 形槽的创建，其创建步骤和矩形类似，这里就不做介绍了。"U 形槽"的参数设置对话框如图 4.96 所示，其参数示意图如图 4.97 所示。

图 4.96　"U 形槽"参数设置对话框

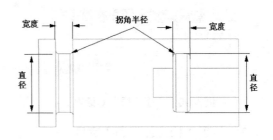

图 4.97　参数示意图

4.4.5　螺纹

螺纹是指在旋转实体表面上创建的螺旋线形成的具有剖面的连续的凸起或凹槽特征。螺纹连接在工业产品中使用广泛，用于各种机械连接，传递运动和动力。

在"主页"选项卡中单击 螺纹 按钮，或者选择"菜单"|"插入"|"设计特征"|"螺纹"命令，系统弹出如图 4.98 所示的"螺纹"对话框。螺纹共有两种类型，分别为符号和详细。

1. 符号

"符号"是指系统只生成螺纹符号，而不生成真正的螺纹实体。在工程图中用于表示螺纹和标注螺纹。这种螺纹生成速度快，计算量小，"符号"螺纹对话框如图 4.98 所示，该对话框有许多参数需要设置，参数示意图如图 4.99 所示。

螺纹参数的设置方法有以下两种。

● "手动输入"：是指用户在对话框中手动输入各个参数。
● "从表格中选择"：是指系统自动根据用户选择的孔直径选择标准螺纹尺寸。

图 4.98　"螺纹"对话框

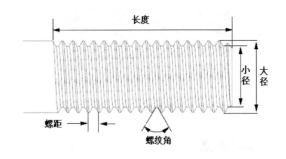

图 4.99　参数示意图

2. 详细

该方式用于创建真实的螺纹，可以将螺纹的所有细节特征都表现出来。"详细"螺纹的创建步骤如下。

(1)　在"螺纹"对话框中选中"详细"单选按钮。

(2)　在模型中依次选择需要创建螺纹的孔或柱、起始面,注意轴方向要正确,如图4.100所示。

(3)　在"螺纹"对话框中设置参数,如图4.101所示,最后单击"确定"按钮,即可完成详细螺纹的创建,如图4.102所示。注意:"详细"螺纹不能从表格中选择标准的螺纹尺寸,只能手动输入或系统自动赋值。

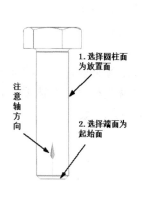

图4.100　选择放置面和起始面　　　图4.101　设置螺纹参数　　　图4.102　螺纹效果

4.4.6　细节特征

1. 倒斜角

倒斜角又称倒角或去角特征,是指对面之间陡峭的边进行倒斜角。倒斜角也是工程中经常出现的倒角方式。当产品的边缘过于尖锐时,为避免擦伤,需要对其边缘进行倒斜角操作。

在"主页"选项卡中单击"倒斜角"按钮 ，或者选择"菜单"|"插入"|"细节特征"|"倒斜角"命令,系统弹出如图4.103所示的"倒斜角"对话框。

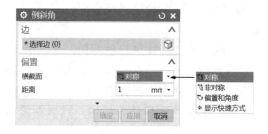

图4.103　"倒斜角"对话框

倒斜角的创建步骤如下。

(1)　在"边"选项组中单击"选择边"按钮,然后在模型中选择需要进行倒斜角的边。

(2)　选择偏置的类型,偏置类型包含对称、非对称及偏置和角度3种。

(3) 设置相应的"倒斜角"参数，然后单击"确定"按钮完成创建倒斜角特征。

"倒斜角"对话框中提供了创建倒斜角的 3 种方法，具体介绍如下。

1) 对称

该方式用于与倒角边缘邻接的两个面均采用相同的偏置方式的倒斜角情况。它的斜角值是固定的 45°并且是系统默认的倒角方式。"对称"截面倒斜角特征如图 4.104 所示。

2) 非对称

该方式用于倒角边缘邻接的两个面采用不同偏置方式的倒斜角情况。选取实体中要倒斜角的边，然后选择"横截面"下拉列表框中的"非对称"选项，并在两个"距离"文本框中输入不同的距离参数。"非对称"截面倒斜角特征如图 4.105 所示。

3) 偏置和角度

该方式是将倒角相邻的两个截面一个设置偏置值和一个设置角度来创建倒角特征。选取实体中要倒斜角的边，然后选择"横截面"下拉列表框中的"偏置和角度"选项，并分别输入距离和角度参数。"偏置和角度"截面倒斜角特征如图 4.106 所示。

图 4.104　"对称"　　　　图 4.105　"非对称"　　　　图 4.106　"偏置和角度"

截面倒斜面　　　　　　　截面倒斜面　　　　　　　　截面倒斜面

2. 边倒圆

边倒圆为常用的倒圆类型，它是用指定的倒圆半径将实体的边缘变成圆柱面或圆锥面。既可以对实体边缘进行恒定半径的倒圆角，也可以对实体边缘进行可变半径的倒圆角。

在"主页"选项卡中单击 边倒圆 按钮，或者选择"菜单"|"插入"|"细节特征"|"边倒圆"命令，系统弹出如图 4.107 所示的"边倒圆"对话框。边倒圆共分为两种类型，分别为固定半径边倒圆和可变半径边倒圆，下面分别进行介绍。

1) 固定半径边倒圆

固定半径边倒圆是指沿选取实体或片体进行倒圆角，使倒圆角相切于选择边的邻接面。直接选取要倒圆角的边，并设置倒圆角的半径，即可创建指定半径的倒圆角，但如果同时指定几条边，则每条边上的半径可以分别进行设置。固定半径边倒圆的操作步骤如下。

(1) 在"边倒圆"对话框中单击"选择边"按钮，然后在模型中选择一条或几条需要进行倒圆的边。

(2) 设置边倒圆的半径。若半径相同，只需要在"半径 1"文本框中输入数值；如果每条边的半径不同，则需要通过"可变半径点"选项"指定新位置"并设置不同的半径。

(3) 设置完毕后单击"确定"或"应用"按钮，即可创建固定半径的边倒圆，效果如图 4.108 所示。

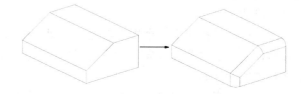

图 4.107　"边倒圆"对话框　　　　　图 4.108　"固定半径"边倒圆效果

2)　可变半径边倒圆

可变半径边倒圆可以通过修改控制点处的半径，从而实现沿选择边指定多个点，设置不同的半径参数，系统便会根据设置，在边上进行可变半径倒圆。可变半径倒圆的操作步骤如下。

(1)　在"边倒圆"对话框中单击"选择边"按钮，然后在模型中选择一条或几条需要进行倒圆的边。

(2)　在"可变半径点"的右侧单击 ∨ 按钮，展开如图 4.109 所示的选项，然后在模型中选择可变半径点，并设置相应的半径。

(3)　设置完毕后单击"确定"或"应用"按钮，即可创建可变半径的边倒圆，效果如图 4.110 所示。

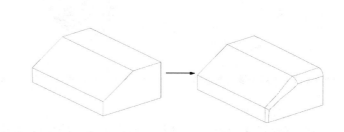

图 4.109　"可变半径点"选项　　　　　图 4.110　"可变半径"边倒圆效果

3. 面倒圆

面倒圆是对实体或片体边指定半径进行倒圆，并且使倒圆面相切于所选择的平面。利用该方式创建倒圆角需要在一组曲面上定义相切线串。

该倒圆方式与边倒圆最大的区别是：边倒圆只能对实体边进行倒圆，而面倒圆既可以对实体边进行倒圆，也可以对片体边进行倒圆。

在"主页"选项卡中单击 按钮，或者选择"菜单"|"插入"|"细节特征"|"面倒圆"命令，系统弹出如图 4.111 所示的"面倒圆"对话框。其中提供了滚球和扫掠截面两种方式

创建面倒圆特征。

1) 滚球

滚球面倒圆是指使用一个指定半径的假想球与选择的两个面集相切形成的倒圆特征。在"横截面"下的"截面方向"下拉列表框中选择"滚球"选项，"面倒圆"对话框被激活，各选项的含义如下。

- 面链：指定面倒圆所在的两个面，也就是倒圆角在两个选取面的相交部分。
- 横截面：设置横截面的形状和半径方式。
- 约束和限制几何体：可以设置重合边和相切曲线来限制面倒圆的形状。

滚球面倒圆的创建步骤如下。

(1) 在"面倒圆"对话框的"类型"下拉列表框中选择"两个定义面链"选项。

(2) 在绘图区选择第一个面，单击鼠标中键以完成"面链 1"的定义。

(3) 在绘图区域选择第二个面，单击鼠标中键以完成"面链 2"的定义。如果两个面集的法向没有指向倒圆的大致中心，则单击方向。

(4) 设置形状、半径、规律控制的参数。

(5) 设置完毕后单击"确定"或"应用"按钮即可创建滚球面倒圆，效果如图 4.112 所示。

图 4.111　　"面倒圆"对话框　　　　　　图 4.112　　"滚球"面倒圆效果

2) 扫掠截面

扫掠截面是按指定的圆角样式和指定的脊线生成与两面集相切的圆角。其中脊线是曲面指定同向断面线的特殊点集合所形成的线。也就是说，指定了脊线就确定了曲面端面产生的方向，其中端面的 U 线必须垂直于脊线。扫掠截面面倒圆的创建步骤如下。

(1) 在"面倒圆"对话框的"类型"下拉列表框中选择"两个定义面链"选项。

(2) 在绘图区选择第一个面，单击鼠标中键以完成"面链 1"的定义。

(3) 在绘图区选择第二个面，单击鼠标中键以完成"面链 2"的定义。如果两个面集的法向没有指向倒圆的大致中心，则单击反向。

(4) 选择脊线，然后选择与要创建的倒圆平行的边。脊线用于定向倒圆横截面，以及为规律控制的半径定义变化参数，如图 4.113 所示。

(5) 设置形状、半径、规律控制的参数。

　　(6)　设置完毕后单击"确定"或"应用"按钮，即可创建扫掠截面面倒圆，效果如图 4.114 所示。

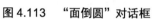

图 4.113　"面倒圆"对话框

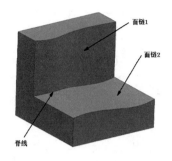
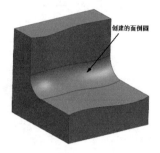

图 4.114　"扫掠截面"面倒圆效果

4.5　拓 展 练 习

　　练习绘制图 4.115～图 4.118。

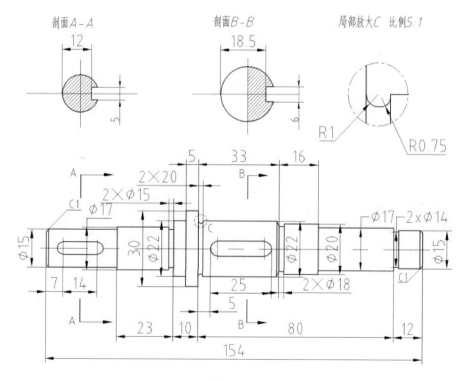

图 4.115

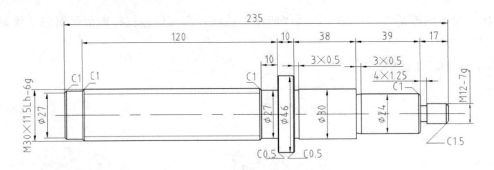

图 4.116

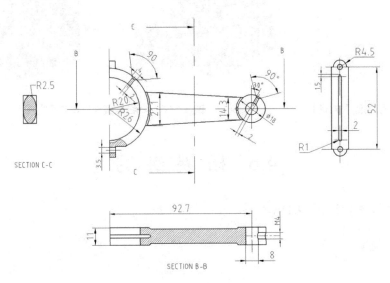

图 4.117

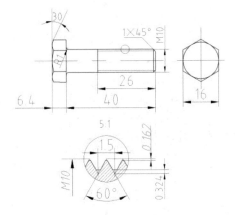

图 4.118

项目 5　创建方向盘零件

5.1　项 目 描 述

扫掠是继前面学习过的拉伸和旋转之后的第三个创建扫描特征的命令。创建时，与拉伸和旋转一样需要扫描轨迹和扫描截面两大基本元素。本项目主要是通过方向盘零件的绘制介绍扫掠命令的使用方法。

5.2　知识目标和技能目标

知识目标

1. 掌握扫掠特征的操作步骤和技巧。
2. 掌握管道、抽壳和三角形加强筋等其他特征的创建。
3. 掌握拔模和拔模体命令的使用方法。
4. 掌握布尔运算、关联复制和编辑特征等特征操作。

技能目标

具备一般扫掠特征的创建能力。

5.3　实 施 过 程

创建如图 5.1 所示的方向盘零件。

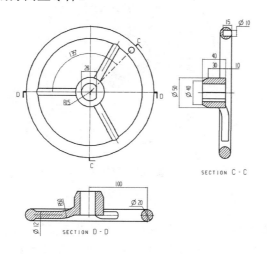

图 5.1　方向盘零件

1. 启动 NX 10.0 软件和新建文件

启动 NX 10.0 软件，新建名称为"方向盘.prt"的建模类型文件，再单击"确定"按钮，如图 5.2 所示，进入 UG 主界面。

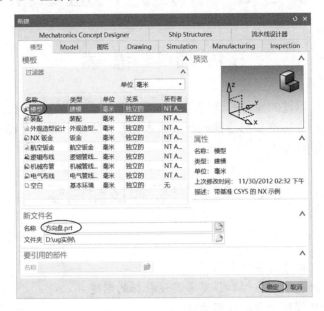

图 5.2　"新建"对话框

2. 创建草图

在"主页"选项卡中单击"草图"按钮，或选择"菜单"|"插入"|"草图"命令，系统默认选择 XY 平面作为草图绘制平面，单击对话框中的"确定"按钮，进入草图环境，绘制如图 5.3 所示的草图。

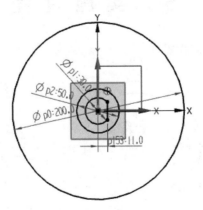

图 5.3　草图

3. 创建方向盘轮圈

在"主页"选项卡中单击"曲面"按钮，进入"更多"面板选择"管道"命令，如图 5.4 所示，或选择"菜单"|"插入"|"扫掠"|"管道"命令，系统弹出"管道"对话

框，如图 5.5 所示，单击"选择曲线"按钮，拾取大圆曲线，在"外径"下拉列表框中输入
"20"、"内径"下拉列表框中输入"0"，单击"确定"按钮即可完成方向盘轮圈的创建，
效果如图 5.6 所示。

图 5.4　进入"管道"命令

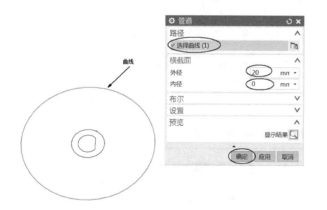

图 5.5　"管道"对话框

图 5.6　方向盘轮圈

4．创建方向盘轮毂

1)　拉伸创建主体

在"主页"选项卡中单击"特征"组中的"拉伸"按钮 ▦，或选择"菜单"|"插入"|
"设计特征"|"拉伸"命令，系统弹出"拉伸"对话框，如图 5.7 所示。单击"选择曲线"
选项，选择如图所示两条封闭曲线作为截面拉伸曲线，选择-ZC 方向为拉伸矢量，开始距
离输入"0"，结束距离输入"40"，单击"确定"按钮完成创建。

2)　倒斜角

在"视图"选项卡中选择"静态线框"样式，如图 5.8 所示。在"主页"选项卡中单击
"特征"组中的"倒斜角"按钮 ◈，系统弹出"倒斜角"对话框，如图 5.9 所示。单击"选
择边"选项，选择如图所示倒角边，在"横截面"下拉列表框中选择"非对称"模式，在
"距离 1"下拉列表框中输入"5"，在"距离 2"下拉列表框中输入"10"，单击"确定"
按钮完成斜角创建。

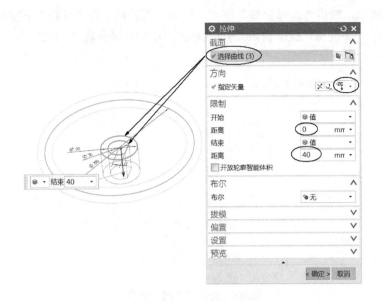

图 5.7　"拉伸"对话框

图 5.8　进入"静态线框"样式

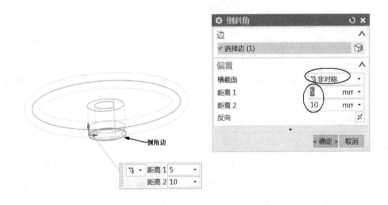

图 5.9　"倒斜角"对话框

5. 创建轮辐

1)　草图绘制轮廓线

进入"草图"环境，选择 XZ 平面作为草图绘制平面，绘制如图 5.10 所示的草图线。

2)　创建基准 CSYS

在"主页"选项卡中单击"基准平面"按钮，选择"基准 CSYS"选项，如图 5.11 所示。系统弹出如图 5.12 所示的"基准 CSYS"对话框，选择轮辐轮廓线左端点为新的坐标系原点，单击"确定"按钮即可完成。

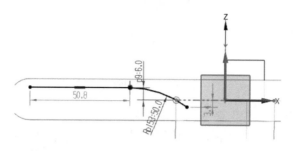

图 5.10　轮辐轮廓线

图 5.11　选择"基准 CSYS"选项

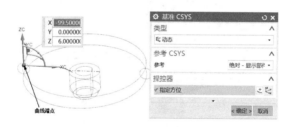

图 5.12　创建"基准 CSYS"

3)　草图创建轮辐截面

进入"草图"环境，在新建的基准 CSYS 中选择如图 5.13 所示的 YZ 平面作为草图绘制平面，单击"草图平面"选项组下的"反向"按钮，再单击"草图方向"选项组下的"反向"按钮，然后单击"确定"按钮，绘制如图 5.14 所示的整圆。

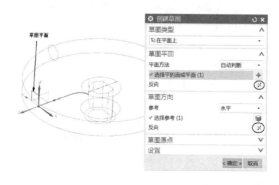

图 5.13　"创建草图"对话框

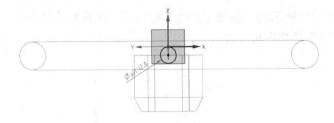

图 5.14　绘制整圆

4)　通过"沿引导线扫掠"命令创建轮辐

在"主页"选项卡中单击"曲面"按钮，进入"更多"面板选择"沿引导线扫掠"选项，如图 5.15 所示，或选择"菜单"|"插入"|"扫掠"|"沿引导线扫掠"命令，系统弹出"沿引导线扫掠"对话框。如图 5.16 所示，选择圆作为截面线，选择轮辐轮廓线作为引导线，在"布尔"下拉列表框中选择"求和"选项，选择方向盘外圈为"求和目标体"，单击"确定"按钮即可完成创建。

图 5.15　选择"沿引导线扫掠"选项

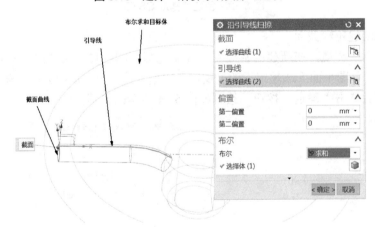

图 5.16　"沿引导线扫掠"对话框

5)　延伸截面

完成扫掠后，将视图显示为"带边着色"，从图 5.17 可以看出，轮辐与轮毂处存在间隙，因此需要通过拉伸延伸截面。在"主页"选项卡中单击"拉伸"按钮，将"曲线规则"设置为"面的边"，如图 5.18 所示，选择间隙处轮辐端面为拉伸"截面"，接受默认的矢量方向为拉伸方向，如图 5.19 所示，在"开始"距离下拉列表框中输入"0"，在"结束"下拉列表框中选择"直至选定"选项，选择"内孔面"作为结束限制，其他参数采用默认设置，单击"确定"按钮即可完成截面拉伸。

图 5.17　查看间隙

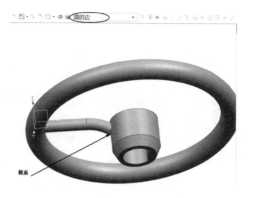

图 5.18　选择拉伸"截面"

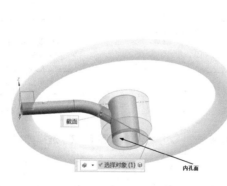

图 5.19　设置"拉伸"参数

6）阵列轮辐

在"主页"选项卡中单击"特征"组右下角的"三角形"按钮，在"阵列特征"工具前打"√"，如图 5.20 所示，这样"特征"组中即添加了"阵列特征"命令，然后单击该命令按钮 ，或选择"菜单"|"插入"|"关联复制"|"阵列特征"命令，系统弹出"阵列特征"对话框，如图 5.21 所示。单击"选择特征"选项，按住 Ctrl 键的同时在"部件导航器"中选择"扫掠"和"拉伸"，如图 5.22 所示。回到"阵列特征"对话框中，在"布局"下拉列表框中选择"圆形"选项，在"指定矢量"中选择"ZC"，在"指定点"中选择"圆形"，然后按图示拾取圆，其他参数按默认设置，单击"确定"按钮完成阵列操作。

图 5.20 添加"阵列特征"命令

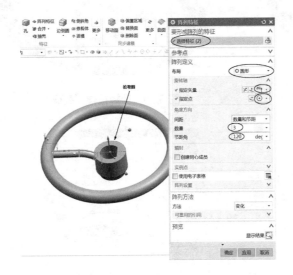

图 5.21 "阵列特征"对话框

图 5.22 选择"扫掠"和"拉伸"

7) 布尔求和

在"主页"选项卡中单击"合并"按钮，系统弹出"合并"对话框，如图 5.23 所示，选择"目标体"和"工具体"，单击"确定"按钮完成求和操作。

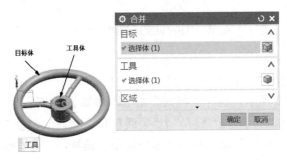

图 5.23 布尔求和

6. 创建孔

1)　绘制草图线

在"主页"选项卡中单击"草图"按钮 ，选择如图 5.24 所示的底面作为草图平面，单击对话框中的"确定"按钮，进入草图环境，绘制如图 5.25 所示的草图，完成草图并退出。

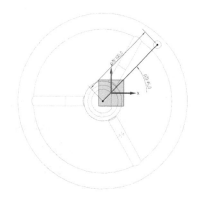

图 5.24　选择底面为草图平面　　　　　图 5.25　绘制草图线

2)　创建基准平面

在"主页"选项卡中单击"基准平面"按钮 ，弹出如图 5.26 所示的"基准平面"对话框，在"类型"下拉列表框中选择"按某一距离"选项，在"平面参考"选项组中选择顶面作为参考平面，在"距离"下拉列表框中输入"10mm"，单击"确定"按钮完成基准平面的创建。

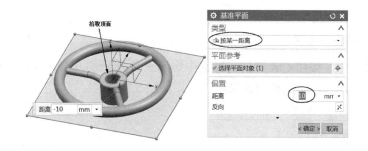

图 5.26　创建基准平面

3)　创建投影曲线

在"曲线"选项卡中单击"投影曲线"按钮 ，弹出如图 5.27 所示的"投影曲线"对话框，在"要投影的曲线或点"选项组下，选择前两步操作中绘制的草图线，然后单击"要投影的对象"选项组下的"指定平面"选项，选择刚创建的基准平面作为投影平面，单击"确定"按钮完成投影曲线的创建。

4)　创建孔

在"主页"选项卡中单击"孔"按钮 ，弹出如图 5.28 所示的"孔"对话框，在"类型"下拉列表框中选择"常规孔"选项，单击"位置"选项组中的"指定点"选项，选择图示曲线端点，在"形状"下拉列表框中选择"简单孔"选项，输入直径"10"、深度"15"、顶锥角"0"，其他参数采用默认设置，单击"确定"按钮完成孔的创建。

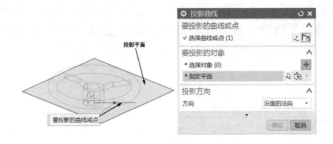

图 5.27　创建投影曲线

图 5.28　创建孔

7. 隐藏对象和保存文件

在部件导航器中，按住 Ctrl 键的同时选中如图 5.29 所示的八个对象，然后单击鼠标右键，选择"隐藏"命令，将所选对象隐藏，效果如图 5.30 所示。

图 5.29　隐藏对象

图 5.30　方向盘零件效果

单击 ■ 按钮或选择"文件"|"保存"|"保存"命令，保存好创建的方向盘轴类零件图。

5.4 知 识 学 习

5.4.1 沿引导线扫掠

沿引导线扫掠是沿着一定的轨道进行扫掠拉伸，将实体表面、实体边缘、曲线或链接曲线生成实体或片体。

在"主页"选项卡中单击"曲面"按钮，进入"更多"面板选择"沿引导线扫掠"选项 👋，或选择"菜单"|"插入"|"扫掠"|"沿引导线扫掠"命令，系统弹出"沿引导线扫掠"对话框。

"沿引导线扫掠"特征的创建步骤如下。

(1) 在"沿引导线扫掠"对话框的"截面"选项组中单击"选择曲线"按钮，并在模型中选择截面线串，如图 5.31 所示。

(2) 在"引导线"选项组中单击"选择曲线"按钮，并在模型中选择引导线，如图 5.32 所示。

(3) 在"偏置"选项组中设置"第一偏置"和"第二偏置"的参数。无偏置效果如图 5.33 所示，偏置效果如图 5.34 所示。

(4) 在"沿引导线扫掠"对话框中单击"确定"按钮即可生成扫掠特征。

图 5.31 "沿引导线扫掠"对话框

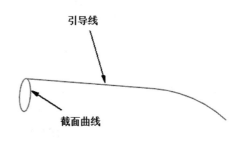

图 5.32 选择引导线

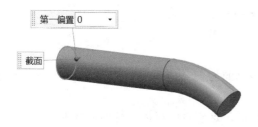

图 5.33 "偏置"为零效果

图 5.34 "偏置"不为零效果

提示：(1) 如果截面对象有多个环，则引导线串必须由线和圆弧构成。

(2) 如果沿着具有封闭的、尖锐拐角的引导线串扫掠，建议把截面线串放置到远离尖锐拐角的位置。

(3) 如果引导线路径上两条相邻的线以锐角相交，或者引导路径中的圆弧半径对于截面曲线来说太小，则不会发生扫掠面操作。也就是说，路径必须是光顺的、切向连续的。

5.4.2 其他特征

1. 管道

管道是创建扫描特征的第四个命令，它可以沿着由一个或一系列曲线构成的引导线串(路径)扫掠出简单的管道对象。

在"主页"选项卡中单击"曲面"按钮，进入"更多"面板选择管道选项，或选择"菜单"|"插入"|"扫掠"|"管道"命令，系统弹出如图 5.35 所示的"管道"对话框。

图 5.35 "管道"对话框

"管道"对话框中的部分选项说明如下。

- 选择曲线：指定管道的中心线路径。可以选择多条曲线或边，而且必须光顺并相切连续。
- 外径：用于输入管道的外直径的值，其中外径不能为 0。
- 内径：用于输入管道的内直径的值，可以为 0。
- 输出：包括以下两个选项。
  - ➤ 单段：只具有一个或两个侧面，该侧面为 B 曲面。如果内径是 O，那么只有一个侧面。
  - ➤ 多段：沿着引导线串扫成一系列侧面，这些侧面可以是柱面或环面。

2. 抽壳

"抽壳"特征是指从指定的平面向下移除一部分材料而形成的具有一定厚度的薄壁体。

常用于将实体内部材料去除，使之成为带有一定材料厚度的壳体。

选择"菜单"｜"插入"｜"偏置/缩放"｜"抽壳"命令，或者在"主页"选项卡中单击"抽壳"按钮 ，系统弹出如图 5.36 所示的"抽壳"对话框。"抽壳"包括"移除面，然后抽壳"和"对所有面抽壳"两种类型。

1) 移除面，然后抽壳

该方式是选取实体一个面作为开口面，其他表面通过设置厚度参数形成一个非封闭的有固定厚度的腔体薄壁。具体操作步骤如下。

● 在"抽壳"对话框的"类型"下拉列表框中选择"移除面，然后抽壳"选项。
● 在"要穿透的面"中单击"选择面"选项，然后在模型中选择穿透的面。
● 在"厚度"下拉列表框中设置抽壳的厚度，单击"确定"按钮完成壳体的创建，如图 5.37 所示。

图 5.36   "抽壳"对话框

图 5.37   "移除面，然后抽壳"效果

2) 对所有面抽壳

该方式是指按照某个指定的厚度抽空实体，形成一个全封闭的有固定厚度的壳体。该方式与"移除面，然后抽壳"的不同之处在于："移除面，然后抽壳"是选取移除面进行抽壳操作，而该方式是选取实体直接进行抽壳操作。具体操作步骤如下。

(1) 在"抽壳"对话框中的"类型"下拉列表框中选择"对所有面抽壳"选项，如图 5.38 所示。

(2) 在"要抽壳的体" 选项组中单击"选择体"选项，然后选择需要进行抽壳的体。

(3) 在"厚度"选项组中设置抽壳的厚度，单击"确定"按钮完成壳体的创建，如图 5.39 所示。

图 5.38   "抽壳"对话框

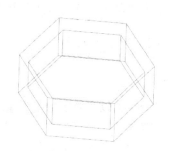

图 5.39   "对所有面抽壳"效果

3. 三角形加强筋

利用该工具可以完成机械设计中的加强筋及支撑肋板的创建。

选择"菜单"|"插入"|"设计特征"|"三角形加强筋"命令，系统弹出如图 5.40 所示的"三角形加强筋"对话框。三角形加强筋的创建步骤如图 5.41 所示。

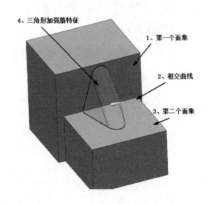

图 5.40 "三角形加强筋"对话框　　　　　图 5.41 "三角形加强筋"创建步骤

(1) 单击(第一组)按钮 ，选择定位三角形加强筋的第一组面。

(2) 单击(第二组)按钮 ，选择定位三角形加强筋的第二组面。

提示： 如果在两个面集之间存在多段相交曲线，则选择其中一断。

(3) 在方法下拉列表框中，指定定位三角形加强筋的方法，即"沿曲线"还是"位置"。

● 沿曲线：基点和手柄显示在两个面集之间的相交曲线上。可沿相交曲线拖动滑尺，将基点移动到任意位置，直到移动到满意的位置为止。

● 位置：可以通过 WCS 值或绝对 X、Y、Z 位置指定三角形加强筋的位置。

(4) 指定所需三角形加强筋的尺寸，如角度、深度和半径。

(5) 单击"确定"或"应用"按钮创建三角形加强筋特征。

5.4.3 拔模与拔模体

1. 拔模

使用该命令可以相对于指定矢量和可选的参考点将拔模应用于面和边。

选择"菜单"|"插入"|"细节特征"|"拔模"或单击"主页"选项卡"特征"组中的"拔模"按钮 ，系统打开如图 5.42 所示的"拔模"对话框。

"拔模"对话框中的部分选项含义如下。

- 从平面或曲面：该选项能将选择的面倾斜，如图5.43所示。
    - ➤ 指定矢量：定义拔模方向矢量。
    - ➤ 选择固定面：定义拔模时不改变的平面。
    - ➤ 选择面：选择拔模操作所涉及的各个面。
    - ➤ 角度：定义拔模的角度。

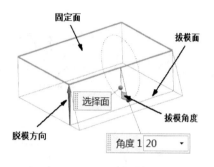

图5.42　"拔模"对话框　　　　　　　图5.43　"从平面或曲面"示意图

需要注意的是：用同样的固定面和矢量来拔模内部面和外部面，则内部面拔模和外部面拔模是相反的。

- 从边：该选项能沿选中的一组边按指定的角度和参考点拔模，对话框如图5.44所示。

图5.44　选择"从边"选项

> 固定边：用于指定实体的一条或多条实体边作为拔模的参考边。
> 可变拔模点：用于在参考边上设置实体拔模的一个或多个控制点，再为各控制点设置相应的角度和位置，从而实现沿参考边对实体进行变角度的拔模。其可变角定义点的定义可通过"捕捉点"工具栏来实现。如果选择的边是平滑的，则将被拔模的面为在拔模方向矢量所指向的侧面，如图 5.45 所示。

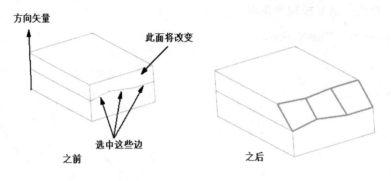

图 5.45　"从边"示意图

● 与多个面相切：能以给定的拔模角拔模，开模方向与所选面相切。对话框选项如图 5.46 所示，用图中所示角度来决定用作参考对象的等斜度曲线。然后就在离开方向矢量的一侧生成拔模面，如图 5.47 所示。该拔模类型对于模铸件和浇铸件特别有用，可以弥补任何可能的拔模不足的问题。

> 相切面：用于一个或多个相切表面作为拔模表面。

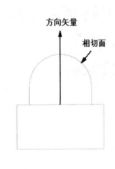
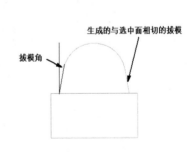

图 5.46　"与多个面相切"选项　　　　图 5.47　"与多个面相切"示意图

● 至分型边：沿一组选中边，用指定的多个角度和一个参考面拔模，对话框选项如图 5.48 所示。该选项能沿选择的一组边用指定的角度和一个固定面生成拔模。分隔线拔模生成垂直于参考方向和边的扫掠面，如图 5.49 所示。这种类型的拔模，改变了面但不改变分隔线，当处理模铸塑料部件时这是一个常用的操作。

> 固定面：用于指定实体拔模的参考面。在拔模过程中，实体在该参考面上的截面曲线不发生变化。
> Parting Edges：用于选择一条或多条分割边作为拔模的参考边。其使用方法和

通过边拔模实体的方法相同。

图 5.48 "至分型边"选项

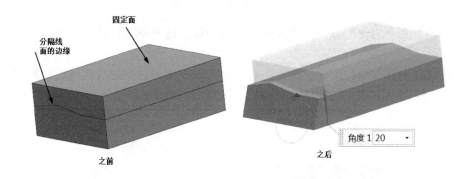

图 5.49 "至分型边"示意图

2. 拔模体

NX 包含两个拔模命令：拔模和拔模体。一般来说，这两个命令用于对模型、部件、模具或冲模的"竖直"面应用斜率，以便在从模具或冲模中拉出部件时，向相互远离的方向移动，而不是彼此滑移，如图 5.50 所示。

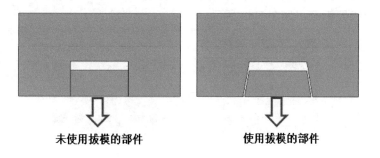

图 5.50 拔模示意图

选择"菜单"|"插入"|"细节特征"|"拔模体"命令或单击"主页"选项卡"特征"组中"更多"面板下的"拔模体"按钮 ，系统打开如图 5.51 所示的"拔模体"对话框。

图 5.51　"拔模体"对话框

"拔模体"命令的使用方法与"拔模"命令相似，这里不再详述。需要注意的是两者之间的区别：

(1) 拔模命令具有限制，原因在于：对于要为部件添加材料的拔模情况，通常无法将分型边缘上面和下面的拔模面相匹配，即不能强制拔模面在指定的分型边缘处相遇，如图 5.52 所示。

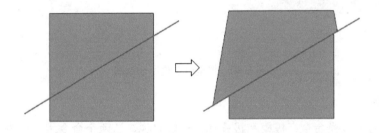

图 5.52　"拔模"命令不能使拔模面匹配

(2) 拔模体命令提供拔模命令不具备的拔模匹配功能，以便拔模为部件添加材料时能在所需的分型边缘处相交，如图 5.53 所示。

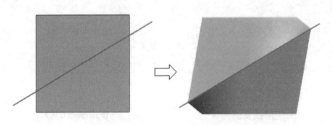

图 5.53　"拔模体"命令的匹配拔模效果

5.4.4 特征操作与编辑

1. 布尔运算

布尔运算是通过对两个以上的物体进行并集、差集、交集运算，从而得到新实体。

在进行布尔运算操作时，需要与其他实体合并的实体或片体称为目标实体，而被修改的实体称为工具实体。在完成布尔运算时，工具实体成为目标实体的一部分。

1) 合并

"合并"是指将两个或多个实体合为单个实体，也可以认为是将多个实体特征叠加变成一个独立的特征，即求实体与实体的和集。

在"主页"选项卡中单击"合并"按钮 ，或者选择"菜单"|"插入"|"组合"|"合并"命令，弹出如图 5.54 所示的"合并"对话框，先选择目标实体，再选择工具实体，然后单击"确定"按钮，即可将所选工具实体与目标实体合并成一个实体，如图 5.55 所示。提示：在进行布尔运算时，目标实体只能有一个，而工具实体可以有多个，合并运算不适用于片体。

图 5.54 "合并"对话框

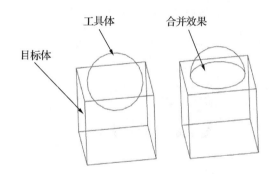

图 5.55 "合并"效果

2) 减去

"减去"是指从目标实体中去除工具实体，在去除的实体特征中不仅包括指定工具特征，还包括目标实体与工具实体相交的部分，即实体与实体的差集。

在"主页"选项卡中单击"减去"按钮 ，或者选择"菜单"|"插入"|"组合"|"减去"命令，弹出如图 5.56 所示的"求差"对话框。其操作与合并类似，先选择目标实体，然后选择工具实体，所选的工具实体必须与目标实体相交，否则，在相减时会产生出错信息。另外要说明，片体与片体不能相减，"求差"效果如图 5.57 所示。

3) 相交

"相交"可以得到两个相交实体特征的共有部分或重合部分，即求实体与实体的交集。它与"求差"正好相反，得到的是去除材料的那一部分实体。

在"主页"选项卡中单击"相交"按钮 ，或者选择"菜单"|"插入"|"组合"|"相交"命令，弹出如图 5.58 所示的"求交"对话框，操作与其他运算类似，最后目标实体与工具实体的公共部分产生一个新的实体或片体。

所选的工具体必须与目标体相交，否则，在相交时会产生出错信息。另外，实体不能与片体相交，求交效果如图 5.59 所示。

图 5.56　"求差"对话框

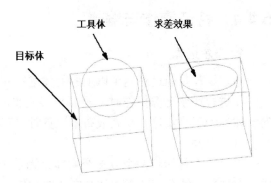

图 5.57　"求差"效果

图 5.58　"求交"对话框

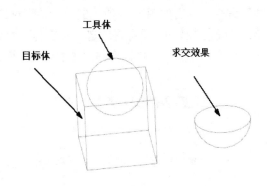

图 5.59　"求交"效果

2. 关联复制

关联复制特征是指对已创建好的特征进行编辑或复制，得到需要的实体或片体。利用实例特征、镜像特征和镜像体工具可以对实体进行多个成组的镜像或复制，避免对单一实体的重复操作。下面对关联复制的各种操作进行介绍。

1)　阵列特征

"阵列特征"是指将指定的特征复制到矩形或圆形的图样中，可以快速创建与已有特征同样形状的多个呈一定规律分布的特征。

选择"菜单"|"插入"|"关联复制"|"阵列特征"命令，弹出如图 5.60 所示的"阵列特征"对话框。选择一种阵列方式，再选择需要阵列的特征，并输入阵列参数，单击"确定"按钮即可完成特征的阵列。

在"布局"下拉列表框中共有线性、圆形、多边形、螺旋式、沿、常规、参考 7 种阵列方式。

(1)　线性："线性"以线性阵列的形式复制所选的实体特征，通过指定种子特征、阵列的个数和阵列偏置对种子特征进行阵列。线性阵列的操作步骤如下。

①　在"阵列特征"对话框的"布局"下拉列表框中选择"线性"选项。

②　选择需要进行阵列的特征。

③　在"阵列定义"中设置阵列参数，如图 5.61 所示。

图 5.60　"阵列特征"对话框　　　　　　　　图 5.61　设置"线性"阵列参数

④　各参数如图 5.62 所示，通过制定各方向的矢量来确定特征阵列方向，可以选择两个方向，也可以单选方向 1。

⑤　在"间距"下拉列表框中指定间距参数方式，其中有数量和节距、数量和跨距、节距和跨距、列表 4 种类型，如图 5.63 所示。

⑥　设置完毕后单击"确定"按钮，即可完成特征的阵列。

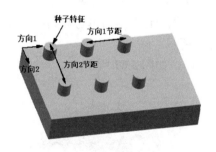

图 5.62　参数示意图

图 5.63　"间距"下拉列表

(2)　圆形：是指通过指定种子特征、阵列的个数和角度来对种子特征进行圆形阵列。该方式常用于盘类零件上重复性特征的创建。圆形阵列的操作步骤如下。

①　在"阵列特征"对话框的"布局"下拉列表框中选择"圆形"选项。

②　选择需要进行阵列的特征。

③　在如图 5.64 所示的对话框中单击"指定矢量"按钮 ，通过弹出的"矢量"对话框指定旋转轴，单击"指定点"按钮 ，在弹出的"点"对话框中选择旋转轴所在的点。

④　在"阵列特征"对话框中设置阵列参数，各参数如图 5.65 所示，设置完毕后单击"确定"按钮，即可完成圆形阵列。

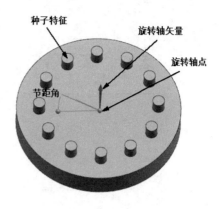

图 5.64 "圆形"阵列参数设置　　　　　图 5.65 "圆形"阵列参数示意图

(3) 多边形：多边形阵列是使用正多边形和可选的径向间距参数定义布局来创建阵列特征。操作流程与圆形阵列相似，一般操作流程为：选择"菜单"|"插入"|"关联复制"|"阵列特征"命令，或在工具栏中单击"阵列特征"按钮 ➡️ →选取阵列原始特征→设置阵列方式→指定矢量、阵列数量→单击"确定"按钮，完成多边形阵列特征创建。操作过程如下。

① 在源特征中选择 φ10 孔特征，单击工具栏中的"阵列特征"按钮 ➡️。

② 选择阵列方式为多边形阵列，指定矢量轴为 Z 轴，设置多边形边数为"6"，数量为"3"，跨距为"360"，激活阵列功能，如图 5.66 所示。

③ 单击"确定"按钮完成多边形阵列特征的创建，如图 5.67 所示。

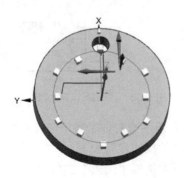

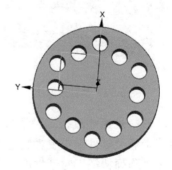

图 5.66 多边形阵列设置　　　　　图 5.67 创建多边形阵列

(4) 沿：选择某一路径并沿路径进行阵列，具体操作步骤如下。

① 在"阵列特征"对话框的"布局"下拉列表框中选择"沿"选项。

② 选择要阵列的特征及路径。

③ 设置各参数如图 5.68 所示，单击"确定"按钮，即可完成沿阵列。参数示意图如

图 5.69 所示。

图 5.68 "沿"阵列参数设置

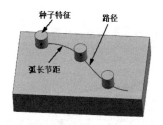

图 5.69 "沿"阵列参数示意图

(5) 螺旋式：螺旋式阵列是使用螺旋路径定义布局来创建阵列特征的一种方式。在创建过程中首先选取源特征，再选定一条轴和一个平面作为参照，然后创建以该源特征为旋转轴线中心的环形阵列。

如图 5.70 所示为螺旋式轴阵列特征。它的操作过程如下。

① 选取源特征(球体直径为 10)后，单击"阵列特征"按钮 ，打开"阵列特征"对话框，选择螺旋式布局选项，指定平面法向为 X 轴，参考矢量为 Z 轴，方向为左手，圈数为"3"，径向节距为"15"，螺旋向节距为"15"，旋转角度为"0"，如图 5.71 所示。

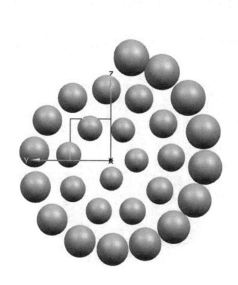

图 5.70 螺旋式阵列

图 5.71 "阵列特征"对话框

② 为了使螺旋式阵列看起来更明显，可采用阵列增量，单击"阵列特征"对话框中的"阵列增量"按钮，系统会进入"阵列增量"对话框中，选中 Diameter，单击"添加新集"按钮，在"增量"下拉列表框中输入"0.2"，如图 5.72 所示。

③ 设置完阵列增量后，单击"确定"按钮，退出"阵列增量"对话框，激活螺旋式阵列特征，如图 5.73 所示。创建完毕的螺旋阵列特征如图 5.70 所示。

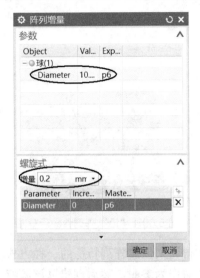

图 5.72　设置阵列增量参数

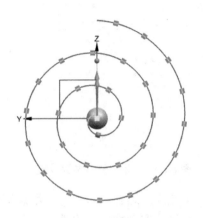

图 5.73　螺旋式阵列特征

常规和沿等阵列方法的操作与线性类似，这里不再赘述。

2) 镜像特征

"镜像特征"是指将指定特征相对于基准平面或实体表面镜像复制。在"主页"选项卡中"特征"选项组中的"更多"面板下单击"镜像特征"按钮，或者选择"菜单"|"插入"|"关联复制"|"镜像特征"命令，可以弹出如图 5.74 所示的"镜像特征"对话框。创建镜像特征的具体操作步骤如下。

(1) 在"镜像特征"对话框的"要镜像的特征"选项组中单击"选择特征"选项，然后在模型中选择需要进行镜像的特征。

(2) 在"镜像平面"选项组中单击"选择平面"按钮，然后在模型中指定一个已存在的平面， 也可以打开"基准平面"来创建一个平面作为镜像平面。

(3) 设置完毕后，单击"确定"按钮，即可创建镜像特征，如图 5.75 所示。

图 5.74　"镜像特征"对话框

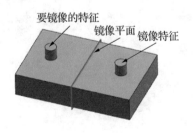

图 5.75　"镜像特征"示意图

3)　镜像几何体

"镜像几何体"是指以某一平面作为镜像面对实体进行复制，复制的实体或片体和原实体或片体相关联，但其本身没有可编辑的特征参数。与镜像特征不同的是，镜像几何体与被镜像的体是两个实体，而镜像特征与被镜像的特征是在同一个几何体上。

在"主页"选项卡中"特征"选项组中的"更多"面板下单击"镜像几何体"按钮 ，或者选择"菜单"|"插入"|"关联复制"|"镜像几何体"命令，弹出如图 5.76 所示的"镜像几何体"对话框。创建镜像几何体的具体操作步骤如下。

(1)　在"镜像几何体"对话框的"要镜像的几何体"选项组中单击"选择对象"选项，然后在模型中选择需要进行镜像的实体。

(2)　在"镜像平面"中单击"指定平面"按钮，然后在模型中指定一个已存在的平面。

(3)　设置完毕后，单击"确定"按钮即可创建镜像几何体，如图 5.77 所示。

图 5.76　"镜像几何体"对话框

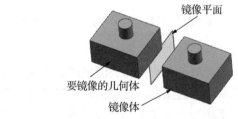
图 5.77　"镜像几何体"示意图

4)　抽取几何体

"抽取几何体"操作是在实体上抽取线、面、区域或实体来创建片体或实体。该工具充分利用现有实体或片体来完成设计工作，并且通过抽取生成的特征与原特征具有相关性。

在"主页"选项卡中"特征"选项组中的"更多"面板下单击"抽取几何特征"按钮 ，或者选择"菜单"|"插入"|"关联复制"|"抽取几何特征"命令，弹出如图 5.78 所示的"抽取几何特征"对话框。

在"类型"下拉列表框中有 7 种抽取方式，分别是复合曲线、点、基准、面、面区域、体和镜像体。下面介绍 4 种常用方式。

图 5.78　"抽取几何特征"对话框

(1)　面。

"面"方式用于抽取实体或片体的表面，生成的抽取表面是一个片体。选择需要抽取的一个或多个实体面或片体面并进行相关设置，即可完成抽取面的操作。

在"类型"下拉列表框中选择"面"选项，如图 5.79 所示，选择需要抽取的一个或多个实体面或片体面并进行相关设置，单击"确定"按钮即可完成抽取，效果如图 5.80 所示。

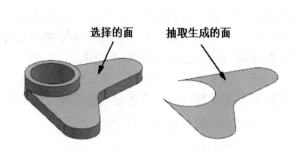

图 5.79　选择"面"选项　　　　　　图 5.80　　"面"方式抽取体效果

(2) 面区域。

"面区域"方式用于在选择的表面集区域中抽取相对于种子面并由边界面限制的片体。其中种子面是区域中的起始面，边界面是用来进行边界界定的一个或多个表面，即终止面。

在"类型"下拉列表框中选择"面区域"选项，如图 5.81 所示，选择种子面与边界面并设置各选项参数，单击"确定"或"应用"按钮即可完成抽取，效果如图 5.82 所示。

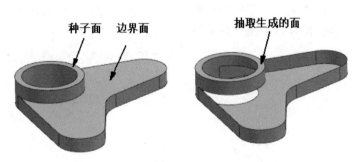

图 5.81　选择"面区域"选项　　　　　图 5.82　　"面区域"方式抽取体效果

(3) 体。

"体"方式用于对实体或片体进行关联复制，对于同时用到两个相同实体或片体的情况，复制的对象和原对象是关联的。

在"类型"下拉列表框中选择"体"选项,如图 5.83 所示,取消选中"隐藏原先的"复选框,选取图中的实际对象,效果如图 5.84 所示。

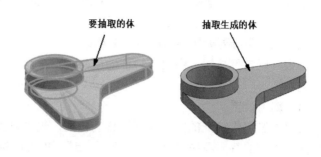

图 5.83 选择"体"选项   图 5.84 "体"方式抽取体效果

(4) 复合曲线。

"复合曲线"方式通过复制其他曲线或边来创建曲线,并可以设置复制的曲线与原曲线是否具有关联性。

在"类型"下拉列表框中选择"复合曲线"选项,如图 5.85 所示;然后选择如图 5.86 所示的曲线边为复制的对象,并选中"关联"和"隐藏原先的"复选框,即可创建复合曲线。

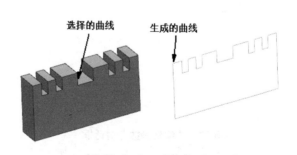

图 5.85 选择"复合曲线"选项   图 5.86 "复合曲线"方式抽取效果

3. 编辑特征

NX 软件中创建的实体特征绝大多数是参数化的,特征的编辑是对前面通过实体造型创建的实体特征进行的各种操作。

通过对特征进行编辑可改变已生成特征的形状、大小、位置或生成顺序。编辑特征操作包括编辑特征参数、编辑定位尺寸、移动特征、特征重新排序、删除特征、抑制特征、解除抑制特征、表达式抑制、移去特征参数、延时更新、更新特征、回放等。

1) 编辑特征参数

编辑特征参数是对特征存在的参数重新定义生成修改后的新的特征。通过编辑特征参数可以随时对实体特征进行更新，而不用重新创建实体，可以有效提高工作效率和建模的准确性。

选择"菜单"|"编辑"|"特征"|"编辑参数"命令，弹出如图 5.87 所示的"编辑参数"对话框，既可以在"编辑参数"对话框中直接选择要编辑参数的特征，也可以在对话框的特征列表框中选择要编辑参数的特征名称。

单击"确定"按钮，弹出该特征的创建对话框，可以对该对话框中的参数进行编辑生成新的特征。

2) 编辑位置

可以通过编辑特征的定位尺寸来移动特征，也可以为创建特征时没有指定定位尺寸或定位尺寸不全的特征添加定位尺寸，此外，还可以直接删除定位尺寸。

选择"菜单"|"编辑"|"特征"|"编辑位置"命令，弹出如图 5.88 所示的"编辑位置"对话框。

可以直接选择特征，或者在特征列表框中选择需要编辑位置的特征。选择完毕后单击"确定"按钮，弹出如图 5.89 所示的"定位"对话框。

选取要修改的定位尺寸后，弹出如图 5.90 所示的"编辑表达式"对话框。输入所需的值，单击"确定"按钮，即可修改所选的定位尺寸数值。

图 5.87　"编辑参数"对话框

图 5.88　"编辑位置"对话框

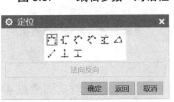

图 5.89　"定位"对话框

图 5.90　"编辑表达式"对话框

3) 移动特征

移动特征就是将无关联的特征移动到指定位置，该操作不能对存在定位尺寸的特征进行编辑。

选择"菜单"|"编辑"|"特征"|"移动"命令，弹出如图 5.91 所示的"移动特征"对话框。

单击选择要移动的特征，或者在特征列表框中选择需要移动位置的无关联特征，选择特征后，单击"确定"按钮，弹出如图 5.92 所示的"移动特征"对话框。

图 5.91　　"移动特征"对话框 1　　　　　　　图 5.92　　"移动特征"对话框 2

- DXC、DYC 与 DZC："DXC、DYC 与 DZC"用于设置所选特征沿 X、Y、Z 方向移动的增量值。在 DXC、DYC、DZC 文本框中输入增量值来移动所指定的特征。
- 至一点："至一点"根据参考点与目标点位置的方向和距离来移动所选特征。单击"至一点"按钮，系统将弹出"点"对话框，首先指定参考点的位置，再指定目标点的位置即可完成移动。
- 在两轴间旋转："在两轴间旋转"是指将所选实体以一定角度绕指定点从参考轴旋转到目标轴，单击"在两轴间旋转"按钮，系统将弹出"点"对话框，指定一点，在弹出的"矢量"对话框中构造一矢量作为参考轴，再构造另一矢量作为目标轴即可。
- CSYS 到 CSYS："CSYS 到 CSYS"是指将所选特征从参考坐标系中的相对位置转到目标坐标系中的同一位置。单击"CSYS 到 CSYS"按钮，系统将弹出 CSYS 对话框，构造一坐标系作为参考坐标系，再构造另一坐标系作为目标坐标系即可。

4)　特征重排序

特征重新排序主要是指调整创建特征的先后顺序，编辑后的特征可以在所选特征之前或之后。特征重排序后，时间戳记自动更新。当特征间有父子关系和依赖关系的特征时，将不能进行特征间的重排序操作。

选择"菜单"|"编辑"|"特征"|"重排序"命令，弹出如图 5.93 所示的"特征重排序"对话框。特征重新排序时，首先在基准特征列表框中选择需要排序的特征，同时在排序特征列表中列出可调整顺序的特征。

设置"之前"或"之后"排序方式，然后从重新排序特征列表框中选择一个要重新排序的特征，单击"确定"或"应用"按钮，则将所选特征重新排到基准特征之前或之后，如图 5.94 所示。

图 5.93　"特征重排序"对话框　　　　图 5.94　"特征重排序"效果

5)　抑制特征与取消抑制特征

抑制特征是指将选择的特征暂时隐去不显示出来，而且与该特征存在关联性的其他特征会被一同去除。这在有很多实体的复杂造型中十分重要。抑制特征的主要作用是编辑模型中实体特征的显示状态。

选择"菜单"|"编辑"|"特征"|"抑制"命令，弹出如图 5.95 所示的"抑制特征"对话框。操作与删除特征类似，不同之处在于已抑制的特征虽然不在实体中显示，也不在工程图中显示，但其数据仍然存在，可通过解除抑制恢复。

取消抑制特征是与抑制特征相反的操作，其将抑制的特征根据需要恢复到特征原来的状态。

选择"菜单"|"编辑"|"特征"|"取消抑制"命令，弹出"取消抑制特征"对话框，如图 5.96 所示。特征列表框中列出所有已抑制的特征。选择需要解除抑制的特征名称，则所选特征显示在"选定的特征"列表框中，确定后则所选特征重新显示。

图 5.95　"抑制特征"对话框　　　　图 5.96　"取消抑制特征"对话框

6)　特征回放

回放用于回放实体的创建过程，同时还可以对实体特征的参数进行修改。选择"菜单"|"编辑"|"特征"|"回放"命令，弹出"更新时编辑"对话框，如图 5.97 所示，下面对其中的主要按钮功能进行说明。

- 显示失败的区域：用于显示更新失败的特征。
- 显示当前模型：用于更新显示当前模型。
- 取消 ↰：用于取消回放操作并退出对话框。
- 返回到 ◁◁：用于返回到前面某一个实体特征位置进行重置。
- 前一步 ◁：用于返回到前一个实体特征位置进行重置。
- 下一步 ▷：用于重置下一个实体特征。
- 跳到 ▷▷：用于跳转到当前特征后的某一个特征位置进行重置。
- 继续 ▶：用于连续重置特征直到模型完全重建为止。
- 接受 ✓：用于在更新特征失败时，接受现有状态并忽略存在的问题，继续进行更新处理。
- 全部接受 ✓：用于在更新特征失败时，接受现有状态并忽略所有存在的问题，继续进行更新处理。
- 删除 ✂：用于删除当前特征，其操作与前面所述的删除特征相同。

7)　实体密度

使用"实体密度"命令为一个或多个现有实体更改密度或密度单位。选择"菜单"|"编辑"|"特征"|"实体密度"命令，弹出"指派实体密度"对话框，如图 5.98 所示。

图 5.97　"更新时编辑"对话框

图 5.98　"指派实体密度"对话框

指派实体密度的步骤如下。

(1)　选择一个或多个要更改实体密度的体。

(2)　在"密度"选项组的"实体密度"文本框中输入一个新值。

(3)　在"密度"选项组中选择一个新的"单位"选项。

(4)　单击"确定"或"应用"按钮，更改实体密度。

8) 移除特征参数

移除特征参数用于移去特征的一个或所有参数。选择"菜单"|"编辑"|"特征"|"移除参数"命令，弹出"移除参数"对话框，如图 5.99 所示。

选择要移去的参数特征，确定后弹出如图 5.100 所示的警告信息，提示该操作将移除所选实体的所有特征参数。若单击"是"按钮，则移除全部特征参数；若单击"否"按钮，则取消移除操作。

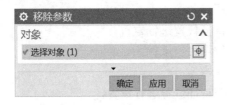
图 5.99 "移除参数"对话框

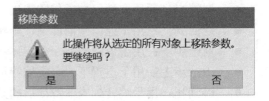
图 5.100 警告信息

5.5 拓 展 练 习

练习绘制图 5.101～图 5.105。

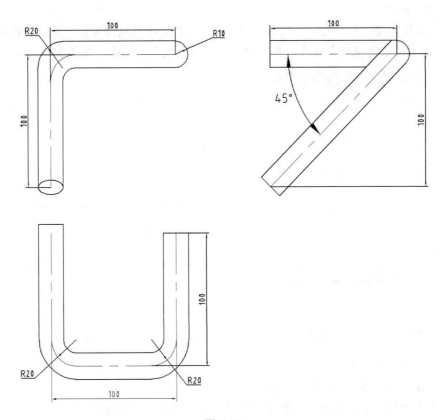
图 5.101

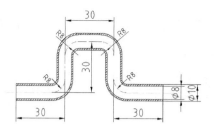

图 5.102

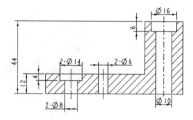

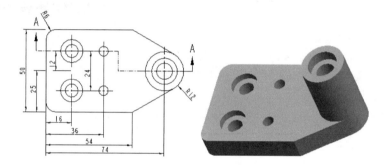

图 5.103

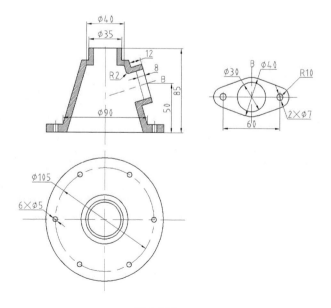

图 5.104

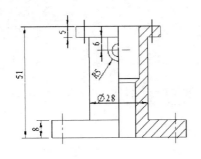
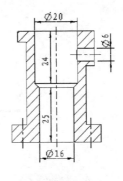
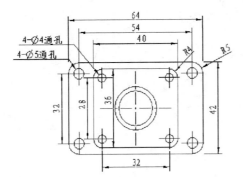

图 5.105

项目 6　创建支架曲线

6.1　项目描述

本项目通过支架曲线的绘制介绍 NX 10.0 中创建和编辑曲线的主要方法，包括点、直线、圆、圆弧、矩形、多边形等基本曲线的绘制；样条曲线、二次曲线、螺旋线等高级曲线的绘制；偏置曲线、投影曲线、镜像曲线等操作曲线的方法；修剪曲线、分割曲线、拉长曲线等编辑曲线的方法。

6.2　知识目标和技能目标

知识目标

1. 掌握基本曲线命令的使用方法。
2. 掌握特殊曲线的创建方法。
3. 掌握曲线的操作和编辑方法。

技能目标

具备综合运用各种方法创建曲线的能力。

6.3　实施过程

创建如图 6.1 所示的支架曲线。

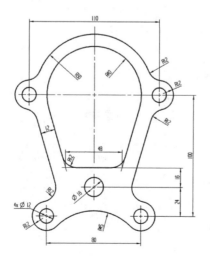

图 6.1　支架曲线

1. 启动 NX 10.0 软件和新建文件

启动 NX 10.0 软件，新建名称为"支架曲线.prt"的建模类型文件，再单击"确定"按钮，进入 UG 主界面，如图 6.2 所示。进入之后切换到"视图"选项卡，如图 6.3 所示，单击"方位"选项组中的"俯视图"按钮⬜，绘图区切换到俯视图视角，曲线默认绘制在 XY 平面上。

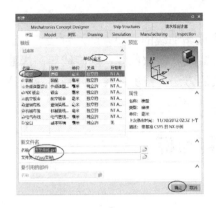
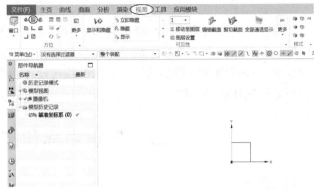

图 6.2 "新建"对话框　　　　　　图 6.3 将视图切换到俯视图视角

2. 绘制七个整圆

如图 6.4 所示，选择"菜单"|"插入"|"曲线"|"直线和圆弧"|"圆(圆心-半径)"命令，在弹出的"圆(圆心-半径)"对话框中输入圆心坐标(-55,0,0)，半径"6"，如图 6.5 所示。注意：输入 XC 坐标"-55"时要按 Enter 键确认，再按键盘 Tab 键才会跳到下一个 YC 坐标框中。用同样的方式输入第 2 个圆的圆心坐标(-55,0,0)，半径"12"；第 3 个圆的圆心坐标(-40,-100,0)，半径"6"；第 4 个圆的圆心坐标(-40,-100,0)，半径"12"；第 5 个圆的圆心坐标(0,-76,0)，半径"8"；第 6 个圆的圆心坐标(0,0,0)，半径"40"，第 7 个圆的圆心坐标(0,0,0)半径"50"，结果如图 6.6 所示。

图 6.4 找到"圆(圆心-半径)"命令

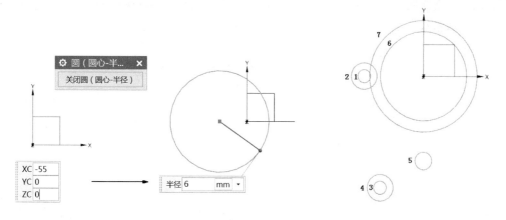

图 6.5　"圆(圆心-半径)"对话框　　　图 6.6　绘完 7 个圆效果图

3. 绘制两根直线

单击"曲线"选项卡中的"直线"按钮 ✓，如图 6.7 所示，在弹出的如图 6.8 所示的"直线"对话框中，单击"选择对象"中的"点"对话框按钮 ，在弹出的如图 6.9 所示的"点"对话框中输入直线起点坐标(24,-60,0)，单击"确定"按钮，在随后弹出的"长度"下拉列表框中输入"-48"，如图 6.10 所示，单击"确定"按钮完成直线命令。

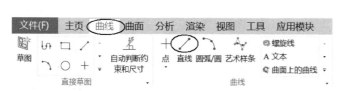

图 6.7　单击"直线"命令　　　　　图 6.8　"直线"对话框

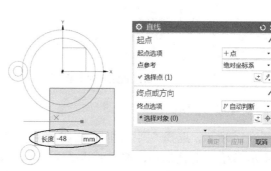

图 6.9　输入直线起点坐标　　　　　图 6.10　输入直线长度"-48"

再次单击"直线"按钮 ✓，选择刚绘制的水平直线的左端点作为直线起点，如图 6.11

所示，在"终点选项"下拉列表框中选择"相切"模式，选择 R40 圆作为相切圆，单击"确定"按钮完成直线的绘制。

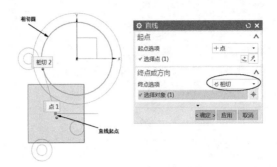

图 6.11　绘制第 2 根直线

4. 绘制偏置直线

单击"派生曲线"组中的"偏置曲线"命令按钮 ⬡ ，在弹出的如图 6.12 所示的"偏置曲线"对话框中，设置"偏置类型"为"距离"，选择图示要偏置的曲线，选中"指定点"选项，然后在要偏置的曲线左侧指定一点，在"距离"下拉列表框中输入"-12"，单击"确定"按钮。结果如图 6.13 所示。

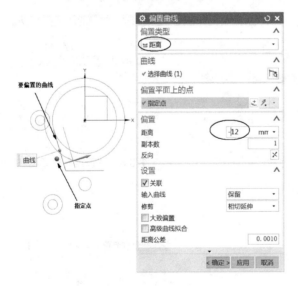

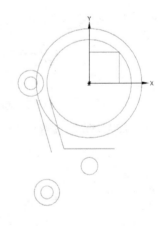

图 6.12　"偏置曲线"对话框　　　　　　　　图 6.13　偏置曲线效果

5. 绘制 4 段倒圆角

如图 6.14 所示，选择"圆弧(相切-相切-半径)"命令，在弹出的如图 6.15 所示的"圆弧(相切-相切-半径)"对话框中，按图示顺序依次选择两个相切圆，输入半径"12"，按 Enter 键，完成第 1 段圆角的绘制。用同样的操作绘制其他 3 段圆角，如图 6.16 所示。

6. 延长曲线

单击"编辑曲线"组中的"曲线长度"按钮，拾取如图 6.17 所示的直线，拖动箭头滑块直到合适位置，在"设置"选项组中的"输入曲线"下拉列表框中选择"隐藏"选项，单击"确定"按钮完成操作。

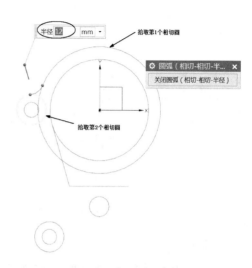

图 6.14 选择"圆弧(相切-相切-半径)"命令　　图 6.15 "圆弧(相切-相切-半径)"对话框

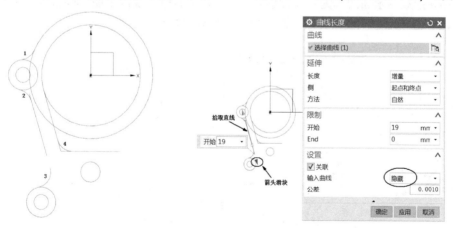

图 6.16 4 段圆角绘制效果　　　　　　　图 6.17 延长直线

7. 修剪曲线

单击"编辑曲线"组中的"修剪曲线"按钮，如图 6.18 所示，在弹出的"修剪曲线"对话框中，在需要修剪的一侧拾取图示要修剪的曲线，拾取两段圆弧分别作为边界对象 1和 2，其他参数按图示设置，单击"应用"按钮完成本次修剪操作。用同样的操作修剪其他曲线，完成效果如图 6.19 所示。

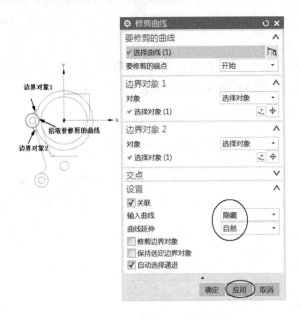

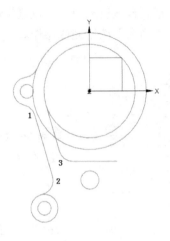

图 6.18　修剪曲线　　　　　　　　　图 6.19　完成效果

8. 镜像曲线

单击"派生曲线"组中的"镜像曲线"按钮，在弹出的如图 6.20 所示的"镜像曲线"对话框中，拾取图示曲线作为镜像曲线，选择 YZ 平面作为镜像平面，其他参数保留系统默认设置，单击"确定"按钮完成本次操作，镜像效果如图 6.21 所示。

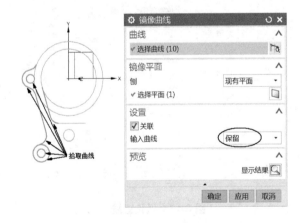

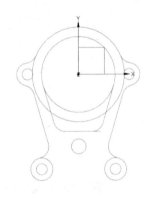

图 6.20　拾取镜像曲线　　　　　　　图 6.21　镜像效果

9. 绘制封闭圆和修剪多余曲线

选择"菜单"|"插入"|"曲线"|"直线和圆弧"|"圆(相切-相切-半径)"命令，使用"相切-相切-半径"方式绘制封闭圆，如图 6.22 所示，拾取两个圆作为相切圆，输入半径"45"后按 Enter 键确认。

使用"修剪曲线"命令修剪多余的曲线，操作过程参考步骤 7，修剪效果如图 6.23 所示。

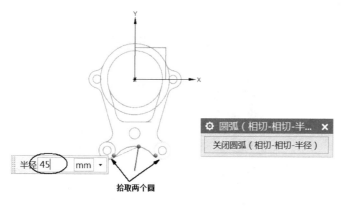

图 6.22 绘制封闭圆   图 6.23 修剪效果

单击"保存"按钮 <kbd>💾</kbd> 完成支架曲线轮廓的创建。

6.4 知识学习

二维曲线是构建三维模型的基础。三维模型的建立一般都遵从点到线、线到面、面到体的过程。在 NX 中，三维实体建模的实现通常有三种方法：一是通过二维曲线进行创建；二是直接创建实体模型；三是在已有的目标体上进行特征建模。其中，第一种方式最常见，因此，曲线建模的学习就显得非常重要。

6.4.1 基本曲线的创建

1. 点的创建

点是建模中最基本的元素，无论多么复杂的模型，都是由点组成的。选择"菜单"|"插入"|"基准/点"|"点"命令，弹出如图 6.24 所示的"点"对话框，"点"对话框通常称为点构造器。

点构造器通常有两种方法创建点，分别是通过捕捉特征和通过坐标设置。捕捉特征是指在模型中捕捉圆心、端点、中点、交点等一些现有的特征点；坐标设置是通过指定将要创建点的坐标来创建点。

2. 直线的创建

在 NX 10.0 中，选择"菜单"|"插入"|"曲线"|"直线"，将弹出如图 6.25 所示的"直线"对话框。

创建直线的方法有很多种，下面讲解创建直线的 4 种典型方法：直线(点-点)、直线(点-XYZ)、直线(点-平行)和直线(点-相切)。

1)"直线(点-点)"的创建

"直线(点-点)"是指通过两点创建直线。选择"菜单"|"插入"|"曲线"|"直线和圆弧"|"直线(点-点)"命令，弹出"直线(点-点)"对话框，然后在工作区选择直线的起点与终点或者输入起点与终点的坐标，这样就完成了"直线(点-点)"的创建，创建过程如图 6.26

所示。

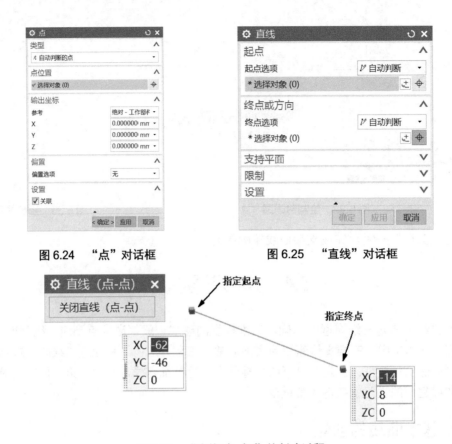

图 6.24　"点"对话框　　　　　　图 6.25　"直线"对话框

图 6.26　"直线(点-点)"的创建过程

2)　"直线(点-XYZ)"的创建

"直线(点-XYZ)"是指指定一点作为直线的起点，然后选择 XC、YC、ZC 坐标系中的任意方向作为直线的延伸方向，最后给定直线的长度。

选择"菜单"|"插入"|"曲线"|"直线和圆弧"|"直线(点-XYZ)"命令，弹出"直线(点-XYZ)"对话框，然后在工作区中指定起点位置，选择直线的延伸方向，给定直线的长度，这样就完成了"直线(点-XYZ)"的创建，创建过程如图 6.27 所示。

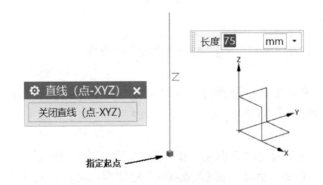

图 6.27　"直线(点-XYZ)"的创建过程

3)　"直线(点-平行)"的创建

"直线(点-平行)"是指指定一点作为直线的起点，然后选择平行参考线，最后给定直线的长度。

选择"菜单"|"插入"|"曲线"|"直线和圆弧"|"直线(点-平行)"命令，弹出"直线(点-平行)"对话框，然后在工作区中指定起点位置，选择已存在的直线作为平行参照，给定直线的长度，这样就完成了"直线(点-平行)"的创建，创建过程如图 6.28 所示。

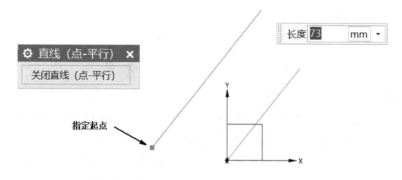

图 6.28　"直线(点-平行)"的创建过程

4)　"直线(点-相切)"的创建

"直线(点-相切)"是指指定一点作为直线的起点，然后选择一圆或圆弧，在起点与切点间创建直线。

选择"菜单"|"插入"|"曲线"|"直线和圆弧"|"直线(点-相切)"命令，弹出"直线(点-相切)"对话框，然后在工作区中指定起点位置，选择已存在的圆或圆弧，输入直线长度，这样就完成了"直线(点-相切)"的创建，创建过程如图 6.29 所示。

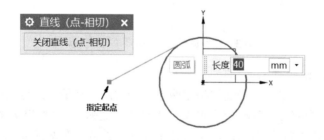

图 6.29　"直线(点-相切)"的创建过程

3. 圆的创建

圆是建模中比较经典和常用的基本曲线，由它可以生成球、圆柱、圆台等三维模型。

选择"菜单"|"插入"|"曲线"|"圆弧/圆"命令，或者单击"曲线"选项卡中"曲线"组中的"圆弧/圆"命令按钮 ，弹出"圆弧/圆"对话框。下面讲解创建圆的 4 种典型方法：圆(点-点-点)、圆(点-点-相切)、圆(相切-相切-半径)和圆(圆心-点)。

1)　"圆(点-点-点)"的创建

"圆(点-点-点)"是指通过指定三个点来确定圆。选择"菜单"|"插入"|"曲线"|"直线和圆弧"|"圆(点-点-点)"命令，弹出"圆(点-点-点)"对话框，然后在工作区中依次指定

起点、终点和中点的位置。创建过程如图 6.30 所示。

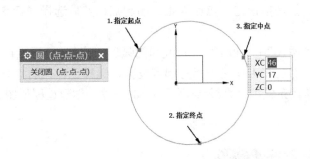

图 6.30 "圆(点-点-点)"的创建过程

2) "圆(点-点-相切)"的创建

"圆(点-点-相切)"是指通过指定两个点并且指定一条与创建圆相切的直线或曲线来确定圆。选择"菜单"|"插入"|"曲线"|"直线和圆弧"|"圆(点-点-相切)"命令,弹出"圆(点-点-相切)"对话框,然后在工作区中指定起点、终点,最后指定与所创建圆相切的直线或曲线,这样就完成了"圆(点-点-相切)"的创建,创建过程如图 6.31 所示。

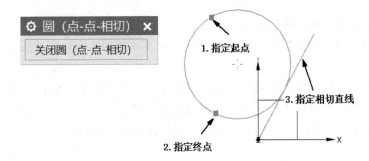

图 6.31 "圆(点-点-相切)"的创建过程

3) "圆(相切-相切-半径)"的创建

"圆(相切-相切-半径)"是指通过指定两条与创建圆相切的直线或曲线及给定圆的半径来确定圆。选择"菜单"|"插入"|"曲线"|"直线和圆弧"|"圆(相切-相切-半径)"命令,弹出"圆(相切-相切-半径)"对话框,然后在工作区中选取两条与所要创建的圆相切的直线或曲线,最后输入创建圆的半径,这样就完成了"圆(相切-相切-半径)"的创建,创建过程如图 6.32 所示。

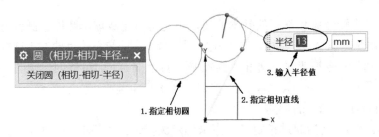

图 6.32 "圆(相切-相切-半径)"的创建过程

4) "圆(圆心-点)"的创建

"圆(圆心-点)"是指通过指定圆的圆心及圆上一点来确定圆。

选择"菜单"|"插入"|"曲线"|"直线和圆弧"|"圆(圆心-点)"命令,弹出"圆(圆心-点)"对话框,然后在工作区中给定或者选取圆心,最后指定圆上的一点,这样就完成了"圆(圆心-点)"的创建,创建过程如图 6.33 所示。

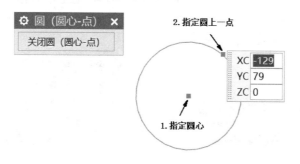

图 6.33 "圆(圆心-点)"的创建过程

4. 圆弧的创建

圆弧的创建方法与圆非常相似,它们的区别就是对于同一种创建方法,圆的创建是一个完整的圆,而圆弧只是指定的起点和终点或切点之间的一段圆弧,这里不再赘述。

5. 矩形的创建

矩形是一类常见的曲线,通过指定两个对角点来创建。选择"菜单"|"插入"|"曲线"|"矩形"命令,或者单击"曲线"选项卡中"曲线"组中的"矩形"命令按钮 ⬜ ,弹出"点"对话框,利用点构造器,在工作区指定或输入两点即可生成矩形,创建过程如图 6.34 所示。

图 6.34 矩形的创建过程

6. 多边形的创建

多边形是指由三条或三条以上的线段首尾顺次连接所组成的封闭图形。多边形分为规则多边形和不规则多边形。这里主要介绍规则正多边形的创建过程。

选择"菜单"|"插入"|"曲线"|"多边形"命令，或者单击"曲线"选项组中"曲线"组中的"多边形"命令按钮☉，弹出如图 6.35 所示的"多边形"对话框，在该对话框中可以设置要创建多边形的边数。单击"确定"按钮，弹出如图 6.36 所示的"多边形"对话框，该对话框包含 3 种创建正多边形的方式。

图 6.35　"多边形"对话框 1　　　　图 6.36　"多边形"对话框 2

1) 内切圆半径

"内切圆半径"是指通过内切圆来创建正多边形。

单击如图 6.36 所示对话框中的"内切圆半径"按钮，系统会弹出如图 6.37 所示的"多边形"对话框。在该对话框中设置"内切圆半径"和"方位角"两个参数，单击"确定"按钮，弹出"点"对话框。然后在工作区中指定正多边形的中心点，单击"确定"按钮，即可创建正多边形。

注意： 需要利用"点"对话框在工作区中创建正多边形的中心点。

2) 多边形边

"多边形边"是指通过设置多边形的边长来创建正多边形。

单击如图 6.36 所示对话框中"多边形边"按钮，系统会弹出如图 6.38 所示的"多边形"对话框。

图 6.37　"多边形"对话框 3　　　　图 6.38　"多边形"对话框 4

在该对话框中设置"侧"和"方位角"两个参数，单击"确定"按钮，弹出"点"对话框。然后在工作区中指定正多形的中心点，单击"确定"按钮即可创建正多边形。

3) 外接圆半径

"外接圆半径"是指通过外接圆来创建正多边形。

单击如图 6.36 所示对话框中的"外接圆半径"按钮，系统会弹出如图 6.39 所示的"多边形"对话框。

在该对话框中设置"圆半径"和"方位角"两个参数，单击"确定"按钮，弹出"点"

对话框。然后在工作区中指定正多边形的中心点，单击"确定"按钮，即可创建正多边形。

图 6.39   "多边形"对话框 5

6.4.2   高级曲线的创建

对于简单的模型，通过一般曲线就可以建立。但是在建立高级曲面或不规则形状的平面时，就得使用 NX 10.0 中提供的高级曲线来实现。

本节主要介绍几种高级曲线的创建：椭圆、抛物线、双曲线、螺旋线和样条曲线。

1. 椭圆的创建

椭圆是平面上到两定点的距离之和为常值的点的轨迹线。椭圆是通过指定长短半轴及起始与终止角度来确定的。

选择"菜单"｜"插入"｜"曲线"｜"椭圆"命令，或者单击"曲线"选项卡中"曲线"组中的"椭圆"命令按钮 ⊕ ，弹出如图 6.40 所示的"点"对话框，在工作区中指定椭圆的中心后，弹出如图 6.41 所示的"椭圆"对话框。

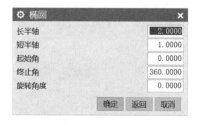

图 6.40   "点"对话框   **图 6.41   "椭圆"对话框**

在"椭圆"对话框中，依次完成长半轴、短半轴、起始角、终止角和旋转角度的设置，这样就完成了椭圆的创建。

2. 抛物线的创建

抛物线是指平面内到一个定点和一条定直线距离相等的点的轨迹。抛物线是通过设置焦距长度和旋转角度来确定的。

选择"菜单"｜"插入"｜"曲线"｜"抛物线"命令，或者单击"曲线"选项卡中"曲线"组中的"抛物线"命令按钮 ⊂ ，弹出如图 6.42 所示的"点"对话框，在工作区中指定抛物线的顶点，弹出如图 6.43 所示的"抛物线"对话框。

图 6.42 　"点"对话框　　　　图 6.43 　"抛物线"对话框

在"抛物线"对话框中，依次完成焦距、最小 DY、最大 DY 和旋转角度的设置，这样就完成了抛物线的创建。

3. 双曲线的创建

双曲线是指与平面上两个定点的距离之差的绝对值为定值的点的轨迹。双曲线是通过设置虚半轴、实半轴和旋转角度来确定的。

选择"菜单"｜"插入"｜"曲线"｜"双曲线"命令，或者单击"曲线"选项卡中"曲线"组中的"双曲线"命令按钮，弹出如图 6.44 所示的"点"对话框，在工作区指定双曲线的中心，弹出如图 6.45 所示的"双曲线"对话框。

图 6.44 　"点"对话框　　　　图 6.45 　"双曲线"对话框

在"双曲线"对话框中，依次完成实半轴、虚半轴、最小 DY、最大 DY 和旋转角度的设置，这样就完成了双曲线的创建。

4. 螺旋线的创建

螺旋线是指一点沿圆柱或圆锥表面做螺旋运动的轨迹。螺旋线的创建是通过设置圈数、螺距、半径和旋转方向来确定的。

单击"菜单"按钮,选择【插入】|【曲线】|【螺旋线】命令,或者单击【曲线】面板上【曲线】工具栏中【螺旋线】命令按钮 ⊜,弹出如图 6.46 所示的"螺旋线"对话框。

图 6.46　"螺旋线"对话框

(1)　使用规律曲线。

使用规律曲线是指通过规律曲线来控制半径,使得螺旋线的大小和螺距按照一定的规律变化。如图 6.47 所示为不同的规律类型,可通过单击"规律类型"右侧的下拉按钮 · 来得到。该对话框提供了 7 种变化规律方式来控制螺旋半径沿轴向方向的变化规律,即恒定、线性、三次、沿脊线的线性、沿脊线的三次、根据方程和根据规律曲线,用户可以根据需要选择合适的规律函数。

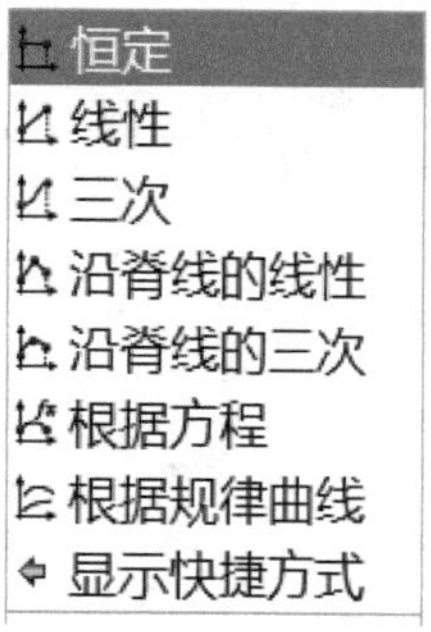

(2)　大小。

"大小"是指通过设置半径或直径为常数来创建螺旋线。设置后,螺旋线每圈之间的半径或直径值大小相同。

图 6.47　规律曲线

(3)　旋转方向。

螺旋线的旋转方向分为左旋和右旋。当把螺旋线立起来时,面对我们的螺旋线是一些斜线,如果这些斜线右边高就是右旋,左边高就是左旋。

(4)　方向。

"方向"用来指定螺旋线的延伸方向。

(5)点构造器。

"点构造器"用来构造螺旋线的起始点。

5. 样条曲线的创建

样条曲线是指通过多项式方程和所设置的点来拟合曲线,其形状由这些点来控制。在NX 10.0 中,样条曲线有两种类型:一般样条曲线和艺术样条曲线。

1)　一般样条曲线

选择"菜单"|"插入"|"曲线"|"样条"命令,或者单击"曲线"选项卡中"曲线"组中的"样条"命令按钮 ⌒ ,弹出如图 6.48 所示的"样条"对话框。对话框中提供了 4

种方式创建一般样条曲线，分别是根据极点、通过点、拟合和垂直于平面，下面介绍前 3 种方式。

图 6.48　"样条"对话框

(1) 根据极点。

根据极点就是指根据设置的极点来创建样条曲线，样条曲线通过两个端点，不通过中间的控制点。

单击如图 6.48 所示对话框中的"根据极点"按钮，弹出如图 6.49 所示的"根据极点生成样条"对话框。选择　"曲线类型"为"多段"，在"曲线阶次"文本框中输入曲线的阶次，单击"确定"按钮，通过"点"对话框在工作区中指定点，使其生成样条曲线，生成的样条曲线如图 6.50 所示。注意：通过调整极点位置和曲线阶次可以生成理想的样条曲线。

图 6.49　"根据极点生成样条"对话框　　　图 6.50　"根据极点"创建的样条曲线

(2) 通过点。

通过点是指通过设置样条曲线的各定义点，生成一条通过各点的样条曲线。

单击如图 6.48 所示对话框中的"通过点"按钮，弹出如图 6.51 所示的"通过点生成样条"对话框。"通过点"创建曲线和"根据极点"创建曲线的操作方法类似，区别是"通过点"创建的曲线需要选择样条控制点的成链方式且指定的点一定落在样条曲线上。

(3) 拟合。

拟合是指利用曲线拟合的方式确定样条曲线的各中间点，能精确地通过曲线的端点，对于其他点则在给定的误差范围内尽量接近。单击如图 6.48 所示对话框中的"拟合"按钮，弹出如图 6.52 所示的"样条"对话框。

在"样条"对话框中，提供了 5 种选择或创建点的方法，下面逐一介绍。

● 全部成链：是指将指定的起点和终点间的点全部连接起来拟合成样条曲线。

单击"全部成链"按钮，弹出如图 6.53 所示的"指定点"对话框。在模型中依次选择起点和终点，单击"确定"按钮，弹出如图 6.54 所示的"由拟合创建样条"

对话框。注意：在"拟合方法"中可以选择根据公差、根据分段和根据模板进行拟合，当所有参数设置完毕后，单击"确定"按钮，即可完成样条曲线的创建。

图 6.51 "通过点生成样条"对话框

图 6.52 "样条"对话框

图 6.53 "指定点"对话框

图 6.54 "由拟合创建样条"对话框

- 在矩形内的对象成链：是指在指定的矩形内选择起点和终点，用这些点拟合样条曲线。

  单击"在矩形内的对象成链"按钮，系统提示在工作区中利用鼠标框出一个矩形，以选择需要用来拟合的点，之后依次选择起点和终点，选择完毕后弹出如图 6.54 所示的"由拟合创建样条"对话框，设置方法同"全部成链"。注意：起点和终点的选择顺序不能颠倒。

- 在多边形内的对象成链：是指在指定的多边形内选择起点和终点，用这些点拟合样条曲线。

  单击"在多边形内的对象成链"按钮，系统提示在工作区中利用鼠标框出一个多边形，以选择需要用来拟合的点，之后依次选择起点和终点，选择完毕后弹出如图 6.54 所示的"由拟合创建样条"对话框，设置方法同"全部成链"。

- 点构造器：是指通过点构造器创建一系列的点来拟合样条曲线。

  单击"点构造器"按钮，弹出"点"对话框，然后在工作区中创建需要用来拟合样条的点，弹出如图 6.54 所示的"由拟合创建样条"对话框，设置方法同"全部成链"。注意：系统自动将创建的第一个点作为起点，最后创建的点作为终点。

- 文件中的点：是指通过读取文件中的点来拟合样条曲线。

单击"文件中的点"，选择文件路径，读入文件，系统弹出如图 6.54 所示的"由拟合创建样条"对话框，设置方法同"全部成链"。

2）艺术样条曲线

"艺术样条曲线"是指创建关联或非关联的样条曲线，在创建过程中可以指定样条定义点的斜率，也可以拖动样条定义点。

选择"菜单"|"插入"|"曲线"|"艺术样条"命令，或者单击"曲线"选项卡中"曲线"组中的"艺术样条"命令按钮，弹出如图 6.55 所示的"艺术样条"对话框。该对话框包含两种绘制艺术样条曲线的方式，分别是通过点和根据极点。

图 6.55 "艺术样条"对话框

- "通过点"创建的样条通过所有点，定义点时可以通过鼠标捕捉存在点，也可以利用鼠标直接定义点。
- "根据极点"是用极点来控制样条的创建，极点数至少需要比设置的阶次大 1，否则会创建失败。

6.4.3 曲线操作

本节讲解曲线的操作功能，主要包括偏置曲线、投影曲线、镜像曲线、桥接曲线和连结曲线。

1. 偏置曲线

偏置曲线是指生成已存在曲线的偏移曲线，即将指定曲线在指定方向上按指定的规律偏移指定的距离。

选择"菜单"|"插入"|"派生曲线"|"偏置"命令，或者单击"曲线"选项卡中"派生曲线"组中的"偏置曲线"命令按钮，打开如图 6.56 所示的"偏置曲线"对话框，其中包含 4 种偏置曲线的方式：距离、拔模、规律控制和 3D 轴向。下面介绍"距离"和"拔模"方式。

图 6.56 "偏置曲线"对话框

1)　距离

"距离"是指将父本曲线按照指定的距离和方向进行偏置。选择该选项，然后在"距离"和"副本数"文本框中分别输入偏移距离和产生偏移曲线的数量，在工作区中选择要偏移的父本曲线并设置偏移矢量方向，最后设置好其他参数，单击"确定"按钮。偏置的效果如图6.57所示。

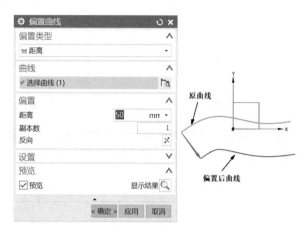

图6.57　"距离"偏置效果

2)　拔模

"拔模"是指将父本曲线按照指定的拔模角偏置到与父本曲线距离为指定高度的平面上。注意：拔模高度为原曲线所在平面和偏移后曲线所在平面的距离。拔模角度为偏移方向与原曲线所在平面法向间的夹角。

选择该选项，在"高度"和"角度"下拉列表框中输入拔模高度和拔模角度，在工作区中选择要偏移的父本曲线并设置偏移矢量方向，最后设置好其他参数，单击"确定"按钮。偏置效果如图6.58所示。

2. 投影曲线

"投影曲线"是指将曲线或点沿着某一方向投影到现有的平面或曲面上。在投影曲线时，可以指定投影方向、点或面的法线方向等。

选择"菜单"｜"插入"｜"派生曲线"｜"投影"命令，或者单击"曲线"选项卡中"派生曲线"组中"投影"命令按钮 ，打开如图6.59所示的"投影曲线"对话框。

● 要投影的曲线或点：用于选择需要进行投影操作的对象，单击"选择曲线或点"选项，在工作区中选择需要投影的对象。

● 要投影的对象：用于选择对象或指定平面作为曲线投影的面，单击"选择对象"选项或"指定平面"选项，即可在工作区进行投影面或曲面的选择。注意："选择对象"是选择实体零件的表面；"指定平面"多数指定的是坐标平面或坐标平面的偏置。

● 投影方向：用于设置投影的方向，包含沿面的法向、朝向点、朝向直线、沿矢量和与矢量所成的角5种。

● 设置：与投影操作相关的设置。

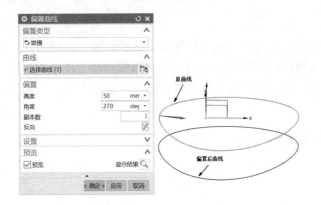

图 6.58   "拔模"偏置效果   图 6.59   "投影曲线"对话框

在工作区中选择要投影的曲线，选择或建立曲线要投影的面并指定投影方向，单击"确定"按钮，即可完成投影曲线的创建，效果如图 6.60 所示。

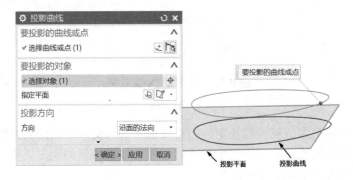

图 6.60   "投影曲线"效果

3. 镜像曲线

"镜像曲线"是将父本曲线以某一平面做镜像，可以通过基准平面或平面复制关联或非关联曲线。

选择"菜单"｜"插入"｜"派生曲线"｜"镜像"命令，或者单击"曲线"选项卡中"派生曲线"组中的"镜像"命令按钮，打开"镜像曲线"对话框。在工作区中选择要镜像的曲线，然后选择镜像平面，即可完成镜像平面的创建，效果如图 6.61 所示。

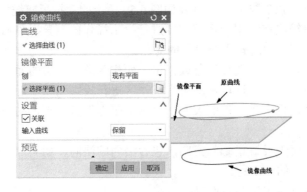

图 6.61   "镜像曲线"效果

4. 桥接曲线

"桥接曲线"是指创建两条曲线之间的相切圆角曲线。

选择"菜单"｜"插入"｜"派生曲线"｜"桥接"命令，或者单击"曲线"选项卡中"派生曲线"组中的"桥接"命令按钮，打开如图 6.62 所示的"桥接曲线"对话框。下面介绍该对话框中的主要功能选项。

- 起始对象：是指对起点对象进行选取，即选取需要进行桥接变换的第一条曲线。
- 终止对象：是指对终点对象进行选取，即选取需要进行桥接变换的第二条曲线。
- 连接性：用于对桥接曲线的属性进行设置。"连接性"选项组如图 6.63 所示。

图 6.62　"桥接曲线"对话框　　　图 6.63　"连接性"选项组

- ➢ 开始/结束：用于指定编辑对象，包含起点和终点两项，可以根据需要选择其中一点进行编辑。
- ➢ 连续性：是指对"起点/终点"指定的点的连续性进行编辑，在其下拉列表框中包含 4 个选项：G0(位置)、G1(相切)、G2(曲率)和 G3(流)，分别表示在指定点零阶、一阶、二阶和三阶连续。
- ➢ 位置：用来设置桥接点的位置。
- ➢ 方向：用来设置桥接点的方向。
- 形状控制：用来控制桥接曲线的形状。"形状控制"选项组如图 6.64 所示。桥接曲线的形状控制方式有以下 4 种，选择不同的方式对应的参数设置也有所不同。

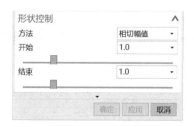

图 6.64　"形状控制"选项组

- ➢ 相切幅值：通过桥接曲线与第一条曲线或第二条曲线连接点的切矢量值来控

制曲线的形状，该方式得到的桥接曲线效果如图 6.65 所示。注意：可以通过拖动"开始"与"结束"选项的滑块，或者直接在文本框中输入切矢量的值来改变切矢量的大小。

➢ 深度和歪斜度：通过改变曲线峰值的深度和倾斜度来控制曲线的形状。使用方法与"相切幅值"一样，该方式得到的桥接曲线效果如图 6.66 所示。

➢ 二次曲线：通过改变桥接曲线的 Rho 值来控制桥接曲线的形状，该方式得到的桥接曲线效果如图 6.67 所示。

➢ 模板曲线：通过选择已有的模板曲线来控制桥接曲线的形状。选择该选项后，在工作区选择一条已知曲线作为模板曲线，系统会自动生成桥接曲线，如图 6.68 所示。

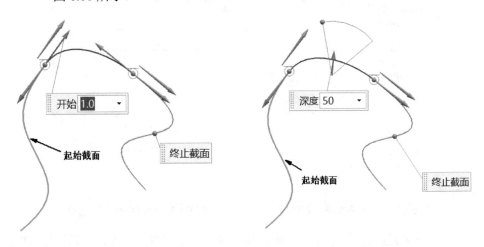

图 6.65　利用"相切幅值"得到的桥接曲线　　图 6.66　利用"深度和歪斜度"得到的桥接曲线

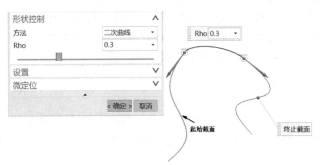

图 6.67　利用"二次曲线"得到的桥接曲线

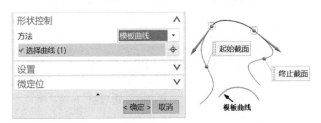

图 6.68　利用"模板曲线"得到的桥接曲线

5. 连结曲线

"连结曲线"是指将一组或一系列曲线连结到一起，组合成一条新的曲线。

选择"菜单"｜"插入"｜"派生曲线"｜"连接"命令，或者单击"曲线"选项卡中"派生曲线"组中的"连接曲线"命令按钮 ，打开如图 6.69 所示的"连结曲线"对话框。下面介绍该对话框中的主要功能选项。

图 6.69　"连结曲线"对话框

- 关联：用于设置生成曲线与父本曲线之间的关联性。
- 输入曲线：用于指定对原始输入曲线的处理，如隐藏、删除、替换等。
- 输出曲线类型：用于对输出曲线的阶次进行设置，可根据需要选择不同的输出阶次。

6.4.4　曲线编辑

本节主要介绍曲线的编辑功能，主要内容包括曲线参数的编辑、修剪曲线、修剪拐角、分割曲线、拉长曲线和长度延伸。

1. 曲线参数的编辑

曲线参数的编辑主要是指重新定义曲线的参数来改变曲线的形状和大小。选择"菜单"｜"编辑"｜"曲线"｜"参数"命令，或者单击"曲线"选项卡中"编辑曲线"组中的"编辑曲线参数"命令按钮 ，打开如图 6.70 所示的"编辑曲线参数"对话框。

单击"选择曲线"选项，在工作区中选择想要编辑的曲线，便会进入创建该曲线时的对话框，在所打开的对话框中即可完成曲线参数的修改。注意：也可以直接在工作区中双击想要编辑参数的曲线，同样打开创建该曲线时的对话框。可以编辑参数的曲线有多种类型，如直线、圆、样条曲线等。

2. 修剪曲线

修剪曲线是指可以通过曲线、边缘、平面、表面或屏幕位置等工具调整曲线的端点，可延长或修剪直线、圆弧、抛物线、双曲线或样条曲线等。

选择"菜单"｜"编辑"｜"曲线"｜"参数"命令，或者单击"曲线"选项卡中的"编辑曲线"组中的"修剪曲线"命令按钮 ，打开如图 6.71 所示的"修剪曲线"对话框，对话框中主要有 5 个选项：要修剪的曲线、边界对象 1、边界对象 2、交点和设置。下面逐一对这些选项进行讲解。

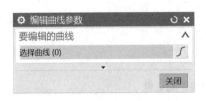

图 6.70　"编辑曲线参数"对话框　　　　　　图 6.71　"修剪曲线"对话框

1)　要修剪的曲线

"要修剪的曲线"用于选择需要修剪的曲线，单击"选择曲线"选项，在工作区中选择需要修剪的曲线。"要修剪的端点"选项用于选择编辑的端点是起点还是终点。

2)　边界对象

"边界对象 1"和"边界对象 2"用于指定边界对象，单击 "选择对象"按钮，在工作区中选择相应的对象作为边界。

3)　交点

"交点"选项组中有两个选项：方向和方法。

● "方向"用于确定边界对象与待修剪曲线交点的判断方式，包括最短的 3D 距离、相对应 WCS、沿一矢量方向和沿屏幕垂直方向 4 种。

● "方法"用于选择交点的判断是自动判断还是用户自定义判断。

4)　设置

"设置"选项组中有 6 个选项：关联、输入曲线、曲线延伸、修剪边界对象、保持选定边界对象和自动选择递进。

● "关联"用于设置修剪后的曲线与原曲线的关联性，设置关联后，如果原曲线的参数发生变化，修剪曲线也会跟着自动更新。

● "输入曲线"用于控制修剪后原曲线的保留方式。

● "曲线延伸"用于设置样条曲线需要延伸到边界时的延伸方式。

● "修剪边界对象"用于在对修剪对象进行修剪时，设置边界对象是否被修剪。

● "保持选定边界对象"用于保持边界对象处于被选取状态，方便下一次使用同样边界的曲线修剪。

● 自动选择递进"用于确定系统是否按选择步骤自动进行下一步操作。

注意： 在选择"要修剪的曲线"过程中，鼠标的选择位置非常重要，鼠标所选择的部分就是被裁剪的部分。

3．修剪拐角

"修剪拐角"适用于修剪相交曲线交角两边多余的曲线。

选择"菜单"｜"编辑"｜"曲线"｜"修剪拐角"命令，或者单击"曲线"选项卡中"编辑曲线"组中的"修剪拐角"命令按钮 ✝，打开"修剪拐角"对话框，根据提示在工作区中选择需要修剪的角，鼠标选择球内的角将被修剪。修剪拐角效果如图 6.72 所示。

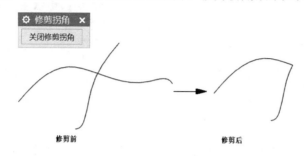

图 6.72　"修剪拐角"效果

4．分割曲线

"分割曲线"是指将曲线分割成多个节段，各节段都是一个独立的实体，并赋予与原来曲线相同的线型。

选择"菜单"｜"编辑"｜"曲线"｜"分割"命令，或者单击"曲线"选项卡中"编辑曲线"组中的"分割曲线"命令按钮 ∫，打开如图 6.73 所示的"分割曲线"对话框。在"类型"下拉列表框中包含等分段、按边界对象、弧长段数、在结点处和在拐角上 5 种分割方式。

1）　等分段

"等分段"是将曲线以等长或者等参数的方法分割成相同的节段。在"段数"选项组中设置"分段长度"和"段数"两个参数，然后在工作区中选取需要进行分割的曲线，单击"确定"按钮即可完成曲线的分割。

2）　按边界对象

"按边界对象"是将指定曲线按照指定的边界对象进行分割。在如图 6.74 所示的对话框中单击"选择曲线"按钮，在工作区中选择需要分割的曲线，然后单击"选择对象"按钮，在工作区中选择边界对象，单击"确定"按钮即可完成曲线的分割。

3）　弧长段数

"弧长段数"是通过定义每节段弧长来分割曲线。在如图 6.75 所示的对话框中单击"选择曲线"按钮，在工作区中选择需要分割的曲线，然后在"弧长"文本框中输入每节段的弧长，系统会自动算出"段数"，单击"确定"按钮即可完成曲线的分割。

4）　在结点处

"在结点处"是将指定的曲线在指定的结点处进行分割。在如图 6.76 所示的对话框中单击"选择曲线"按钮，在工作区中选择需要分割的曲线，然后在"方法"下拉列表框中选择分割曲线的方法，单击"确定"按钮即可完成曲线的分割。注意：该方式只能分割样条曲线。

  5) 在拐角上

  "在拐角上"是将指定的曲线在拐角处进行分割。在如图 6.77 所示的对话框中单击"选择曲线"按钮，在工作区中选择需要分割的曲线，然后在"方法"下拉列表框中选择分割曲线的方法，单击"确定"按钮即可完成曲线的分割。

图 6.73 "分割曲线"对话框

图 6.74 "按边界对象"分割曲线

图 6.75 按"弧长段数"分割曲线

图 6.76 按"在结点处"分割曲线

图 6.77 按"在拐角上"分割曲线

5. 拉长曲线

  "拉长曲线"是将指定的曲线拉长到指定的位置，主要用来移动几何对象并拉伸对象。

选择"菜单"|"编辑"|"曲线"|"拉长"命令，或者单击"曲线"选项卡中"编辑曲线"组中的"拉长曲线"命令按钮，打开如图 6.78 所示的"拉长曲线"对话框。在其中的"XC增量""YC 增量"和"ZC 增量"文本框中分别输入增量值，或者单击"点到点"按钮来确定拉长的增量，单击"确定"按钮即可完成曲线的拉长。

6. 曲线长度

"曲线长度"是将指定的曲线按照指定的方向延伸一定的距离，它具有延伸弧长和修剪弧长的双重功能。注意：编辑曲线长度可以在曲线的每个端点延伸或缩短一定的长度。

选择"菜单"|"编辑"|"曲线"|"长度"命令，或者单击"曲线"选项卡中"编辑曲线"组中的"曲线长度"命令按钮，打开如图 6.79 所示的"曲线长度"对话框。

图 6.78 "拉长曲线"对话框

图 6.79 "曲线长度"对话框

单击"选择曲线"按钮，在工作区中选择需要进行延伸的曲线，然后在"延伸"选项组中设置"长度""侧"和"方法"参数，在"限制"选项组中设置"开始"和 End 参数。

6.5 拓 展 练 习

练习绘制图 6.80～图 6.83。

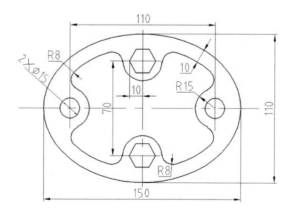

图 6.80

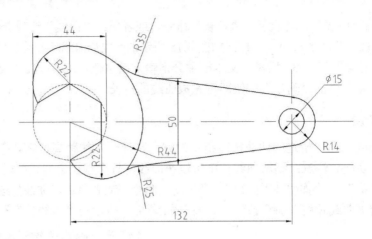

图 6.81

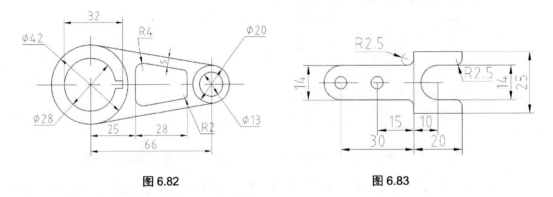

图 6.82   图 6.83

项目 7   创建玻璃杯零件

7.1   项 目 描 述

项目 7 到项目 9 主要介绍 NX 10.0 的曲面建模功能。曲面建模是 NX 软件的重要组成部分，曲面建模可以使产品外观更加完美。本项目主要通过玻璃杯的创建介绍 NX 10.0 中依据点创建曲面、直纹曲面、通过曲线组和扫掠、创建曲面。

7.2   知识目标和技能目标

知识目标

1. 了解曲面设计的基础概念。
2. 掌握依据点创建曲面的方法。
3. 掌握运用直纹、通过曲线组和扫掠创建曲面的方法。

技能目标

具备综合运用依据点和线创建曲面模型的能力。

7.3   实 施 过 程

创建如图 7.1 所示的玻璃杯零件，抽壳和倒圆角尺寸自定。

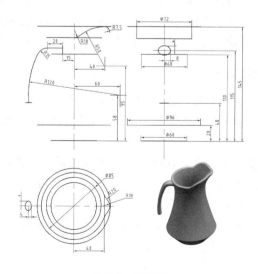

图 7.1   玻璃杯

1. 启动 NX 10.0 软件和新建文件

启动 NX 10.0 软件，新建名称为"玻璃杯.prt"的建模类型文件，再单击"确定"按钮，进入 UG 主界面，如图 7.2 所示。

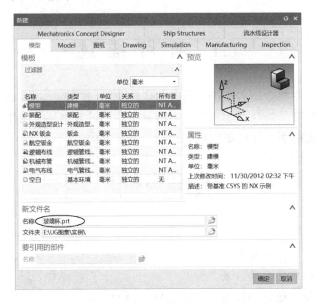

图 7.2　"新建"对话框

2. 绘制五个整圆线框图

切换到"曲线"选项卡，单击"曲线"组中的"圆弧/圆"命令按钮 ⌒，系统弹出"圆弧/圆"对话框，如图 7.3 所示。在"类型"下拉列表框中选择"从中心开始的圆弧/圆"选项，在"选择点"中单击"点对话框"按钮 ⊡，在随后弹出的"点"对话框中输入(0,0,0)，单击"确定"按钮退出。其他设置如图 7.4 所示。单击"应用"按钮完成当前 ϕ60 圆的绘制，完成效果如图 7.5 所示。然后绘制 ϕ96 圆，如图 7.6 所示设置参数，注意指定平面时选择 XY 平面，输入距离"20"，单击"应用"按钮完成 ϕ96 圆的创建。用同样方法依次创建 ϕ60、ϕ72、ϕ85 三个圆，高度距离分别为 110、130 和 145。完成后效果如图 7.7 所示。

3. 绘制 R10 圆和 R20 圆角

(1) 绘制 R10 圆。将视图切换至俯视图，单击"圆弧/圆"命令按钮 ⌒，如图 7.8 所示设置参数，圆心坐标为(40,0,0)，选 XY 平面为"指定平面"，输入距离"145"，单击"确定"按钮完成圆的绘制。

(2) 添加"基本曲线"命令 ⊘。在组的空白处单击鼠标右键，选择"定制"命令，在"定制"对话框中依次选择"菜单"→"插入"→"曲线"命令，如图 7.9 所示，拖动"基本曲线"命令至"曲线"组中。

(3) 绘制两个 R20 圆角。单击"基本曲线"命令 ⊘，弹出"基本曲线"对话框，如图 7.10 所示，单击"圆角"按钮 ◻，弹出如图 7.11 所示的"曲线倒圆"对话框，选择"2 曲线倒圆" ⌐，半径输入"20"，去掉"修剪选项"复选框中的"√"，按照图示要求依次选择倒角的第一和第二条曲线，并单击大致的"圆角中心位置"。最后单击"确定"按钮完成绘制。

图 7.3 "圆弧/圆"对话框 1   图 7.4 "圆弧/圆"对话框 2

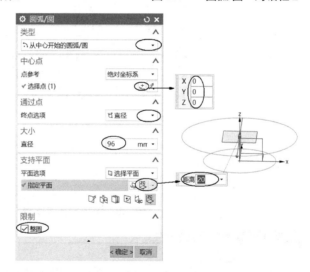

图 7.5 φ60 圆完成效果   图 7.6 绘制 φ96 圆参数设置

图 7.7 五个圆的绘制效果

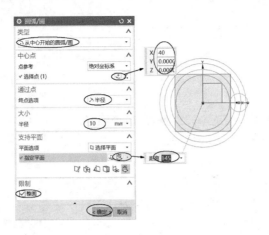

图 7.8 绘制 R10

图 7.9 添加"基本曲线"命令

图 7.10 "基本曲线"对话框

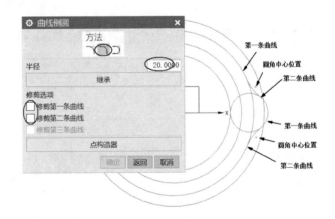

图 7.11 "曲线倒圆"对话框

（4）修剪曲线。单击"编辑曲线"组中的"修剪曲线"命令 ✈，弹出如图 7.12 所示的"修剪曲线"对话框，按照图示要求设置参数和选择曲线，单击"应用"按钮完成第一段曲线的修剪。修剪完后效果如图 7.13 所示。用同样的操作完成另一段曲线的修剪，修剪完后效果如图 7.14 所示。

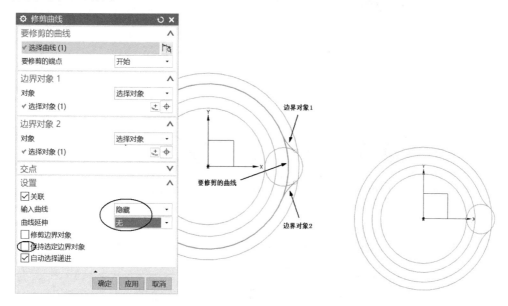

图 7.12　修剪第一段曲线　　　　　图 7.13　修剪第一段曲线的效果

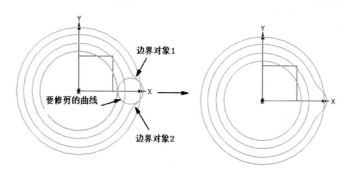

图 7.14　修剪第二段曲线的效果

4. 绘制直纹面和通过曲线组面

（1）绘制直纹面。在"曲面"选项卡中的"曲面"组单击"更多"按钮，然后单击"直纹"按钮 📐，弹出如图 7.15 所示的"直纹"曲面创建对话框。按图示选择截面线串 1 和截面线串 2，单击"确定"按钮完成直纹面的创建。

（2）绘制通过曲线组面。单击"主页"|"曲面"|"更多"|"通过曲线组"命令 📦，弹出如图 7.16 所示的"通过曲线组"对话框，按图示选择曲线作为截面线，对齐方式选择"根据点"。最终效果如图 7.17 所示。

注意：

①　每选好一根曲线，单击"添加新集"按钮后再选下一根曲线。曲线方向要保持一致，如果不一致可以右键单击列表中相应的截面，选择"反向"命令，如图 7.18

所示。

② 对齐方式为"根据点"，可以通过移动"点"的位置使曲线对应点对齐，生成的
曲面更光顺。

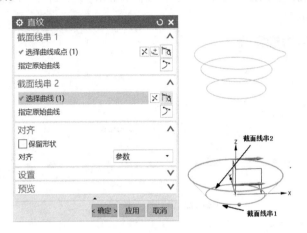

图 7.15　创建直纹面

图 7.16　"通过曲线组"对话框

图 7.17　效果图

图 7.18　"反向"曲线

5. 绘制草图曲线

选择 XZ 平面作为草图平面，绘制如图 7.19 所示的两条草图曲线。

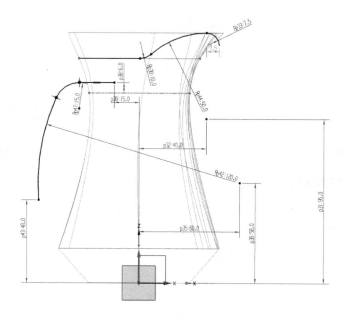

图 7.19 绘制草图曲线

6. 修剪玻璃杯顶部

(1) 拉伸工具面。单击"拉伸"按钮 ，将"曲线规则"设置为"相连曲线"，选择截面曲线，设置为"对称值"拉伸，"距离"为 45，单击"确定"按钮完成拉伸，如图 7.20 所示。

(2) 修剪体。单击"修剪体"按钮 ，按图 7.21 所示选择"目标体"和"工具面"，单击"确定"按钮完成修剪操作。效果如图 7.22 所示。

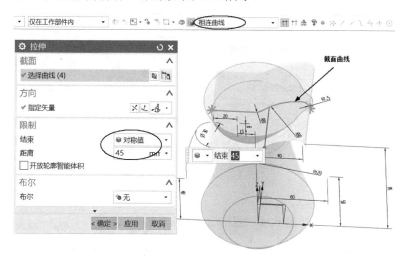

图 7.20 "拉伸"操作

图 7.21　"修剪"操作　　　　　　　　**图 7.22　修剪后的效果**

7. 草图绘制 2 个椭圆

(1) 创建 2 个基准坐标系。单击"主页"选项卡中"基准平面"组中的"基准 CSYS"按钮 ，如图 7.23 所示分别拾取草图线的两个端点，创建两个基准坐标系。

图 7.23　创建基准坐标系

(2) 绘制第一个椭圆。单击"草图"按钮 ，选择图 7.24 所示 YZ 平面作为草图平面，绘制图 7.25 所示"大半径"为 8、"小半径"为 6 的椭圆。

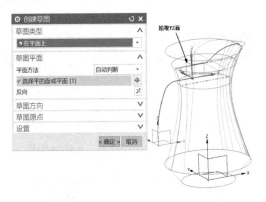

图 7.24　选择 YZ 平面作为草图平面

(3) 绘制第二个椭圆。如图 7.26 所示选择 XY 平面作为草图平面，绘制图 7.27 所示"大半径"为 4、"小半径"为 6 的椭圆。

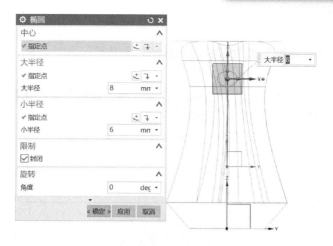

图 7.25　绘制第一个椭圆

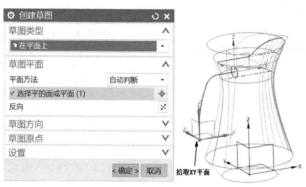

图 7.26　选择 XY 面作为草图平面

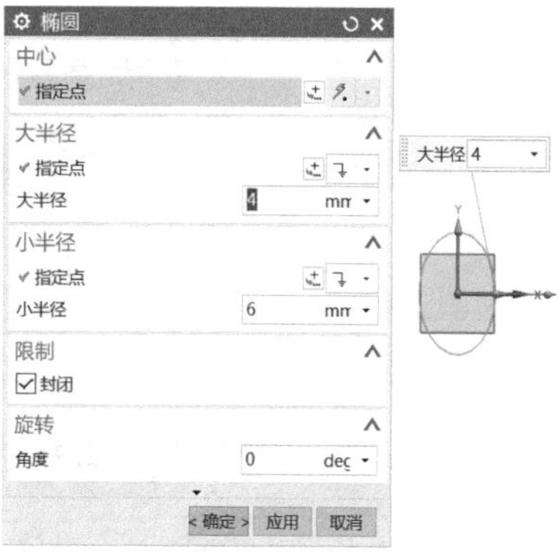

图 7.27　绘制第二个椭圆

8. 绘制玻璃杯柄

单击"曲面"选项卡中的"扫掠"按钮，如图 7.28 所示选择截面线和引导线，单击"确定"按钮完成玻璃杯柄的创建。效果如图 7.29 所示。

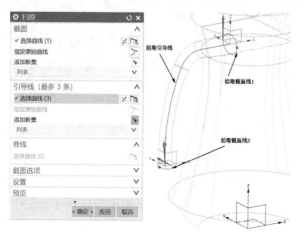

图 7.28　通过单击"扫掠"按钮创建玻璃杯柄

图 7.29　玻璃杯柄效果

9. 合并和隐藏

(1) 合并。单击"特征"选项卡中的"合并"按钮，如图 7.30 所示选择"目标"和"工具"求和。

(2) 隐藏。如图 7.31 所示选中要隐藏的对象，单击鼠标右键，在弹出的快捷菜单中选择"隐藏"命令，隐藏后效果如图 7.32 所示。

(3) 合并。单击"合并"按钮，如图 7.33 所示再次合并。

图 7.30　"合并"操作

图 7.31　"隐藏"操作

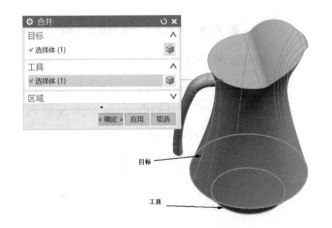

图 7.32　"隐藏"后效果

图 7.33　二次"合并"操作

10. 抽壳和倒圆角

(1) 抽壳。单击"特征"选项卡中的"抽壳"按钮，如图 7.34 所示，设置"厚度"为 5，选取顶面作为抽壳面，单击"确定"按钮完成抽壳，效果如图 7.35 所示。

拾取抽壳面

图 7.34　"抽壳"操作　　　　　　　　　　图 7.35　"抽壳"效果

(2) 倒圆角。单击"边倒圆"按钮 ，如图 7.36 所示拾取 3 条边，倒"半径"为"1.5"圆角，效果如图 7.37 所示。

(3) 保存。单击"保存"按钮 ，保存玻璃杯零件。

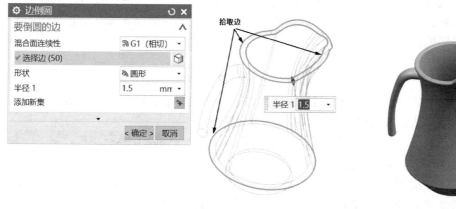

拾取边

半径 1 1.5

图 7.36　"边倒圆"操作　　　　　　　　　图 7.37　"边倒圆"效果

7.4　知 识 学 习

7.4.1　曲面基础概述

曲面是一种统称，片体和实体的自由表面都可以称为曲面。片体是由一个或多个表面组成、厚度为 0、重量为 0 的几何体，一个曲面可以包含一个或多个片体，所以片体和曲面在特定的情况下不具有实体的功能。

1. 曲面的基本概念

曲面是指一个或多个没有厚度概念的面的集合，在很多实体建模的工具中都有"体类型"选项，可直接设计曲面。而在曲面设计中很多命令(如直纹面、通过曲线组、通过曲线网格、扫掠等)在某些条件下也可生成实体,都是在"体类型"中进行设置。

2. 曲面的分类

按照曲面的构造原理可以将曲面分为以下 3 类。

- 依据点创建曲面:通过现有的点或点集创建曲面,如通过点、从点云、从极点命令。依据点设计的曲面光顺性比较差,但是精密度高。
- 通过曲线创建曲面:通过现有的曲线或曲线串创建曲面,如直纹面、通过曲线组、通过曲线网格、扫掠等命令。

注意:通过曲线创建曲面与依据点集创建曲面的最大不同在于,通过曲线创建的曲面是参数化的,即生成的曲面与曲线是相关联的。当编辑曲线或曲面时,生成的曲面将自动更新。

- 通过曲面创建新曲面:通过现有的曲面创建新的曲面,如桥接、偏置曲面、修剪片体等命令。

7.4.2 依据点创建曲面

通过点构建曲面主要是通过输入点的数据来生成曲面,主要用到通过点、从极点、快速造面和四点曲面等命令,通常会用这类命令来制作精度比较高而光顺性比较差的产品,所以在逆向造型过程中要酌情使用。

1. 通过点

通过矩形阵列点来创建曲面,创建的曲面通过所指定的点。矩形点阵的指定可以通过点构造器在模型中选取或创建,也可以用点阵文件指定。

选择"菜单"|"插入"|"曲面"|"通过点"命令,或者单击"曲面"选项卡中"曲面"组中的"通过点"按钮,弹出如图 7.38 所示的"通过点"对话框。

① 补片类型:可以创建有单个补片或多个补片的片体。

- 多个:表示曲面将由多个补片组成。
- 单个:表示曲面将由一个补片组成。

图 7.38 "通过点"对话框

② 沿以下方向封闭:当"补片类型"选择为"多个"时,激活此项。

- 两者皆否:曲面沿行与列方向都不封闭。
- 行:曲面沿行方向封闭。
- 列:曲面沿列方向封闭。
- 两者皆是:曲面沿行与列方向都封闭。

③ 行阶次/列阶次:阶次表示将来修改曲面时控制其局部曲率的自由度,阶次越低补片越多,自由度越大,反之则越小。

④ 文件中的点:通过选择包含点的文件来创建曲面。

学完以上对"通过点"命令的讲解,下面我们来实际创建一个曲面。

(1) 单击"曲面"选项卡中"曲面"组中的"通过点"按钮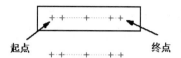，弹出 "通过点"对话框。

(2) 设置参数(这里使用默认参数)后单击"确定"按钮，弹出如图 7.39 所示的"过点"对话框。

(3) 单击"在矩形内的对象成链"按钮，然后指定如图 7.40 所示的矩形选择框。

图 7.39   "过点"对话框

图 7.40   选择要成链的点

(4) 利用矩形框选完第一排的点后要指定起点和终点，弹出如图 7.41 所示的对话框，指定如图 7.40 所示的起点(选择第一个点即可)，并指定终点。

图 7.41   "指定点"对话框

(5) 完成第一排点的选择后，按照同样方法继续选择第二排的点。

(6) 当选择完第四排的点后弹出如图 7.42 所示的对话框，在这里单击"所有指定的点"按钮，完成曲面的创建，结果如图 7.43 所示。

图 7.42   "过点"对话框

图 7.43 使用"通过点"命令创建曲面效果

2. 从极点

通过若干组点来创建曲面，这些点作为曲面的极点。矩形点阵的指定可以通过点构造器在模型中选取或创建，也可以使用点集文件指定。该命令的用法与"通过点"相同。它们的区别是"从极点"是通过极点来控制曲面的形状的。

选择"菜单"|"插入"|"曲面"|"从极点"命令，或者单击"曲面"选项卡中"曲面"组中的"从极点"按钮 ，弹出如图 7.44 所示的"从极点"对话框，参数设置与"通过点"基本一样，用户可以按照设计的需要来调整参数，这里不再介绍。

下面通过现有的点来创建曲面，在创建过程中注意点的选择方向和顺序。

(1) 单击"曲面"选项卡中"曲面"组中的"从极点"按钮 ，弹出"从极点"对话框。

(2) 设置好参数(参数默认)，单击"确定"按钮，弹出如图 7.45 所示的"点"对话框，在"类型"下拉列表框中选择"现有点"选项。

图 7.44 "从极点"对话框 图 7.45 "点"对话框

(3) 如图 7.46 所示依次单击图中的点集，在选择点的过程中一定要按照顺序进行选择，单击"点位置"选项组中的"选择对象"按钮，即可选择点，直到一排点选择完成后再单击"确定"按钮，在弹出的"指定点"对话框中单击"是"按钮，如图 7.47 所示。

图 7.46 依次选择点 图 7.47 "指定点"对话框

(4) 当第四排的点选择完成后单击"确定"按钮，弹出如图 7.48 所示的对话框，如果已经选择完成，单击"所有指定的点"按钮，完成曲面创建。单击"指定另一行"按钮，则是继续选择更多的点。在这里单击"所有指定的点"按钮完成曲面创建，效果如图 7.49

所示。

图 7.48　"从极点"对话框　　　　图 7.49　使用"从极点"命令创建曲面效果

3. 快速造面

使用"快速造面"命令可以用小平面体创建曲面模型。在逆向造型设计中，我们可以从其他软件中获取信息来创建模型。因为软件设计的差异，从很多软件转换到 NX 中的就是小平面体，而这些小平面体在 NX 中无法进行操作，"快速造面"的功能就是利用小平面体创建为 NX 能够操作的曲面。

选择"菜单"|"插入"|"曲面"|"快速造面"命令，或者单击"曲面"选项卡中"曲面"组中的"快速造面"按钮，弹出如图 7.50 所示的"快速造面"对话框。

① 小平面体：可以选择小平面体来创建曲面。

② 添加网格曲线：创建在小平面体上的网格曲线。

● 工序：工序中有 4 个选项，分别是从各种渠道获取创建网格曲面的曲线。

● 附着：选择创建的曲线是否附着到小平面体上。

● 选择点：选择创建曲线的点，一般情况下都是选择面上的点。

● 接受点：创建完网格曲面的某一条曲线后，单击"接受点"按钮完成"曲线"的创建。

● 光顺性：调节曲线的光顺性。

图 7.50　"快速造面"对话框

③ 编辑曲线网：此选项组中的选项主要是编辑在"添加网格曲线"中创建的"网格曲线"。

● 删除曲线：选择要从曲线网中移除的曲线并删除。

● 删除结点：选择结点以移除所有相连的网格曲线。

● 拖动曲线点：选择并拖动网格曲线上的点。

● 拖动网格结点：选择并拖动网格结点，以此来调节曲线。

● 连接曲线：选择要组合的相邻曲线来连接。

4. 四点曲面

"四点曲面"是指通过四个拐角点来创建曲面，在图形界面任意取四个点即可创建曲面，注意这四点都要在 XC-YC 平面上，如果要创建的曲面不在 XC-YC 平面上，可以使用动态坐标命令将坐标移动至要创建曲面的位置。

选择"菜单"|"插入"|"曲面"|"四点曲面"命令，或者单击"曲面"选项卡"曲面"组中的"四点曲面"按钮，弹出如图 7.51 所示的"四点曲面"对话框。

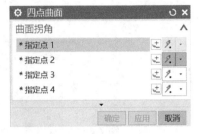

图 7.51　"四点曲面"对话框

可以使用以下任意方法指定四个曲面拐角点。

- 在图形窗口中选择一个现有点。
- 在图形窗口中选择任意点。
- 使用点构造器定义点的坐标位置。
- 选择一个基点并创建到基点的点偏置。

下面讲解如何创建和调整曲面，具体步骤如下。

(1) 单击"曲面"选项卡中"曲面"组中的"四点曲面"按钮，打开"四点曲面"对话框。

(2) 在图形界面任意单击四点，创建如图 7.52 所示的曲面。

图 7.52　创建四点曲面

(3) 可以根据需要移动点的位置，重新定位指定点。

7.4.3　直纹

使用"直纹"命令可在两个截面之间创建体，直纹形状是截面之间的线性过渡。截面可以由单个或多个对象组成，且每个对象可以是曲线、实体边或实体面。

直纹面可用于创建曲面，该曲面无须拉伸或撕裂便可展平在平面上。

选择"菜单"|"插入"|"网格曲面"|"直纹"命令，或者单击"曲面"选项卡中"曲面"组中的"直纹"按钮，打开如图 7.53 所示的"直纹"对话框。该对话框用于通过两条曲线构造直纹面特征，即截面线上对应点以直线连接，可看作由一系列直线连接两组线串上对应点组成的一张曲面。

图 7.53 "直纹"对话框

① 截面线串 1：用于选择第一条截面线串。

② 截面线串 2：用于选择第二条截面线串。

③ 对齐：包含以下两种对齐方式。

● 参数：在创建曲面时，等参数对齐方式就是根据截面线之间相等的参数间隔建立曲面。参数对齐时，对应点就是两条线串上的同一参数值所确定的点。

● 根据点：可以根据提供的点手动调整曲面，主要用于不同形状的截面对齐，适用于比较尖锐的截面。

④ 设置：根据用户的需求设置类型。如图 7.54 所示，"体类型"下拉列表框主要包括"实体"和"片体"选项，效果如图 7.55 所示。

图 7.54 "设置"选项组

图 7.55 "实体"与"片体"对比

"直纹"命令主要是通过两组线串创建曲面，在创建过程中要注意方向，下面讲解如何创建和调整直纹面。

(1) 单击"曲面"选项卡中"曲面"组中的"直纹"按钮 ，打开 "直纹"对话框。

(2) 单击对话框中"截面线串 1"选项组中的"选择曲线或点"按钮，选择如图 7.56 所示的"截面线串 1"。

展开"截面线串 2"选项组，单击 按钮，然后选择如图 7.57 所示的"截面线串 2"。此时一定要注意"截面线串 1"与"截面线串 2"的箭头方向是否一致，如不一致将会出现扭曲情况，可以单击"反向"按钮 来调整箭头方向。

(3) 在"设置"选项组中单击"体类型"下拉按钮，选择"片体"选项。

(4) 箭头的方向一致后，单击"确定"按钮，完成直纹面的创建，效果如图 7.58 所示。

图 7.56　拾取截面线串 1　　　　　　　图 7.57　拾取截面线串 2

图 7.58　使用"直纹"命令创建曲面效果

7.4.4　通过曲线组

使用"通过曲线组"命令可创建穿过多个截面的体，其中形状会发生更改以穿过每个截面。一个截面可以由单个或多个对象组成，并且每个对象都可以是曲线、实体边或实体面的任意组合。

选择"菜单"|"插入"|"网格曲面"|"通过曲线组"命令，或者单击"曲面"选项卡中"曲面"组中上的"通过曲线组"按钮　，打开如图 7.59 所示的"通过曲线组"对话框。

(1) 截面：选取创建面的线串。在用"选择曲线或点"选取截面线串时，一定要注意选取的次序，当选取完一个曲线串的时候要单击"添加新集"按钮来添加新的曲线串，直到所选曲线串出现在"截面线串 列表"中为止，也可以对该对话框列表中所选取的曲线串进行删除、移动操作。

(2) 连续性：将新曲面约束为与相邻面呈 G0、G1 或

图 7.59　"通过曲线组"对话框

G2 连续(G0 是相交，G1 是相切，G2 是曲率)，可根据自己的需要进行调整。

- 第一截面：用于设置截面曲线第一组的边界约束条件，使所做曲面在第一个截面与一个或多个被选择的体表面相切或等曲率过渡。
- 最后截面：用于设置截面曲线最后一组的边界约束条件，用法与第一截面线串相同。

(3) 对齐：NX 设置有 7 种对齐方式，如图 7.60 所示，下面介绍常用的 6 种对齐方式。

- 参数：在创建曲面时，等参数和截面线所形成的间隔点，是根据相等的参数间隔建立的。整个截面线上如果有直线，就会用等圆弧的方式间隔点；如果有曲线，就用等角度的方式间隔点。

图 7.60　"对齐"方式

- 弧长：在创建曲面时，两组截面线串和等参数建立连接点，这些连接点在截面线上的分布和间隔方式是根据等圆弧长来建立的。
- 根据点：用于不同形状的截面线串对齐，可以通过调节线串上的点来对齐曲面，一般用于线串形状差距很大的时候，特别适用于带有尖角的截面。
- 距离：在创建曲面时，沿每个截面线，在规定方向等间距间隔点，结果是所有等参数曲线都将投影到矢量平面里。
- 角度：用于创建曲面时，在每个截面曲线串上，围绕没有规定的基准轴等角度间隔生成曲面，使曲面具有一定的走向及外形。
- 脊线：用于创建曲面时，选择一条曲线为矢量方向，使所有的平面都垂直于脊柱线。

(4) 输出曲面选项。

- 补片类型：补片类型可以是单个或多个。补片类似于样条的段数，多补片并不是多个片体。
- V 向封闭：控制生成的曲面在第一组截面线串和最后一组截面线串之间是否也是创建曲面。

(5) 设置：创建曲面常用的参数设置。

- 体类型：当创建的曲线组曲面形成封闭时，可以选择创建曲面或实体。
- 放样：重新构建中用户可以选择是否自己给定曲面的阶次，如果需要，用户可以调整阶次的数值来改变曲面的形状。
- 公差：用户可以在此设置中创建曲面时的公差值。

使用"通过曲线组"命令可以将两组或两组以上的线串生成曲面，在设计过程中常常将生成的新曲面与原始曲面约束相切。下面讲解如何创建"通过曲线组"曲面。

(1) 单击"曲面"选项卡中"曲面"组中的"通过曲线组"按钮 ，打开"通过曲线组"对话框。

(2) 选择如图 7.61 所示的截面线串 1。

(3) 单击"添加新集"按钮 ，选择线串 2。

图 7.61　选择截面线串

(4)　创建完曲面后进行曲面的约束，在对话框中展开"连续性"选项组，约束"第一截面"和"最后截面"相切，如图 7.62 所示。

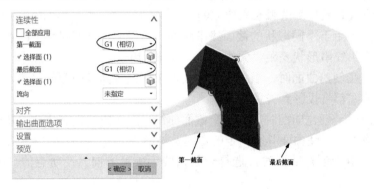

图 7.62　设置相切约束

(5)　单击"确定"按钮，最终效果如图 7.63 所示。

图 7.63　使用"通过曲线组"命令创建的最终效果

7.4.5　扫掠

扫掠就是将轮廓曲线沿空间路径进行扫描，然后形成曲面。扫掠其实是通过截面线与引导线组成的曲面或实体，截面线串是轮廓曲线，引导线串是引导曲面或实体的路径。

选择"菜单"|"插入"|"扫掠"|"扫掠"命令，或者单击"曲面"选项卡中"曲面"

组中的"扫掠"按钮 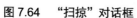，打开如图 7.64 所示的"扫掠"对话框，对话框中的部分选项介绍如下。

① 截面：最少 1 条线串，最多 150 条；截面由连续性的曲线组成，曲线之间不一定是封闭，但是必须是连续的。

② 引导线：最少 1 条线串，最多 3 条；引导线由连续性的曲线组成，曲线之间一定是连续相切的。

③ 定位方法：NX 共提供了 7 种定位方法，如图 7.65 所示。

图 7.64　"扫掠"对话框

图 7.65　定位方法

- 固定：截面线在沿引导线扫掠过程中，保持固定方位。
- 面的法向：截面线在沿引导线扫掠过程中，局部坐标系的第二轴在引导线的每一点上对齐已有表面的法向。
- 矢量方向：截面线在沿引导线扫掠过程中，局部坐标系的第二轴始终与指定的矢量对齐。使用基准轴作为矢量，则可以通过编辑基准轴方向来改变扫掠特征的方位，并且矢量不能在与引导线相切的方向。
- 另一曲线：选择一条现有曲线作为扫掠面的控制方向。
- 一个点：选择一个现有点来引导定位。
- 强制方向：指定一个矢量固定截面线的平面方向，截面线在沿引导线扫掠过程中，截面线的平面方向不变，实现平移运动，以此来控制扫掠面的方向。
- 角度规律：通过设置一定角度来设置扫掠面的控制方向。

④ 缩放方法：系统提供以下 6 种缩放方法。

- 恒定：输入一个缩放比例值，这里的缩放是截面线，使其截面线"放大或缩小"后，进行扫掠，引导线不变。
- 倒圆功能：设置一个起始比例值和末端比例值，再指定从起始比例值到末端比例值按线性变化或三次函数变化。截面线在沿引导线扫掠过程中，按其比例改变大小。
- 另一曲线：选择一条现有曲线控制扫掠面的大小。
- 一个点：选择一个现有点来虚拟一个直纹面，用虚拟直纹面的长度控制扫掠面的大小。
- 面积规律：用规律子功能指定一个函数。截面线在引导线扫掠过程中，截面线的面积值等于函数值。

- 周长规律：用规律子功能指定一个函数。截面线在引导线扫掠过程中，截面线的周长值等于函数值。

⑤ 由一组截面线串和两组引导线扫掠，效果如图 7.66 所示。

图 7.66 扫掠效果

⑥ 当截面线串为一个封闭的线串时，扫掠的效果可能是一个封闭的实体。创建方法如下。

- 打开"扫掠"对话框，选择如图 7.67 所示封闭曲线作为截面线。
- 在"引导线"中单击 按钮，选择图示的"引导线 1"。
- 在"引导线"中单击"添加新集"按钮，选择图示"引导线 2"。

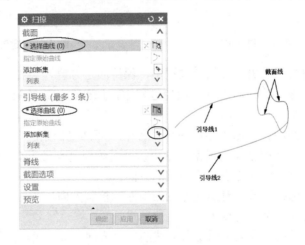

图 7.67 封闭截面线扫掠操作

- 单击"确定"按钮，完成如图 7.68 所示曲面的创建。

截面线可以重复使用，如图 7.69 所示的第一组截面线串，我们用这组线串作为扫掠第一组截面线和第三组截面线，以圆为引导线(引导线串是封闭的)，得到图示扫掠效果。

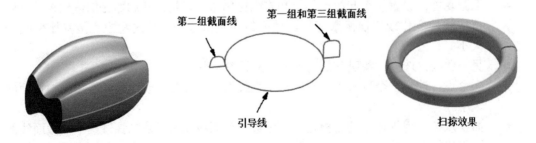

图 7.68 封闭截面线扫掠效果　　　图 7.69 重复使用截面线串的扫掠

7.5 拓 展 练 习

练习绘制图 7.70～图 7.73。

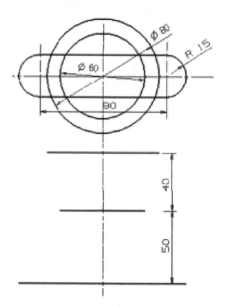

图 7.70

A向 比例 4:1

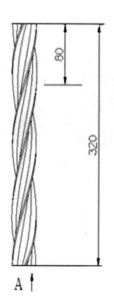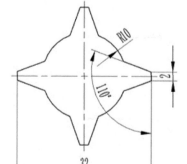

图 7.71

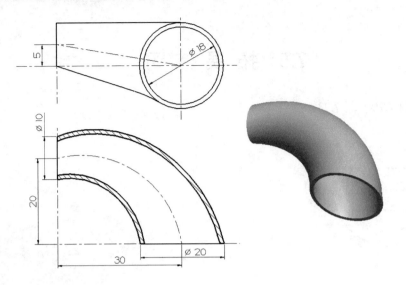

图 7.72

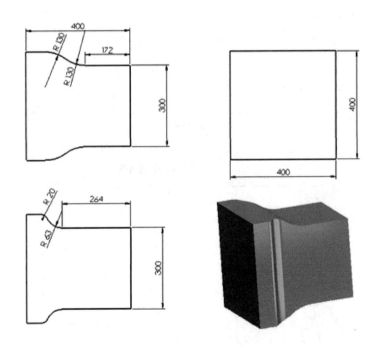

图 7.73

项目 8 创建可乐瓶底

8.1 项目描述

本项目的主要任务是创建可乐瓶底，通过可乐瓶底的创建来介绍通过曲线网格、艺术曲面和 N 边曲面命令的使用方法。

8.2 知识目标和技能目标

知识目标

1. 进一步熟悉基本曲线命令的使用方法。
2. 掌握通过曲线网格命令的使用方法。
3. 掌握艺术曲面和 N 边曲面的创建过程。

技能目标

具备综合运用基本曲线命令、通过曲线网格和艺术曲面及 N 边曲面命令创建曲面的能力。

8.3 实施过程

创建如图 8.1 所示的可乐瓶底。

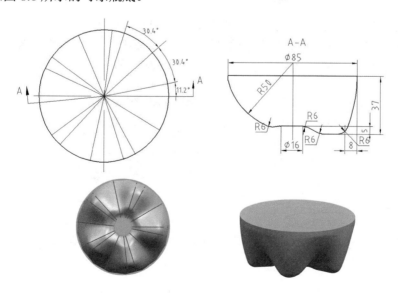

图 8.1 可乐瓶底

1. 启动 NX 10.0 软件和新建文件

启动 NX 10.0 软件，新建名称为"可乐瓶底.prt"的建模类型文件，再单击"确定"按钮，进入 UG 主界面，如图 8.2 所示。

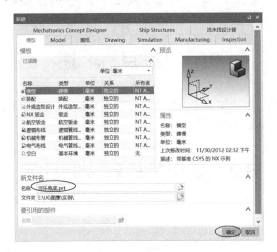

图 8.2 "新建"对话框

2. 可乐瓶底造型方法分析

可乐瓶底的表面由曲面构成，形状比较复杂。从图 8.1 给定的可乐瓶底零件图中可知，可乐瓶底的侧表面由 5 个完全相同的部分组成，每个部分有 11.2°、30.4°、30.4° 三个区域，并有两种截面曲线(图 8.1 中 A—A 剖视图中的左右轮廓线)。全部 5 个部分在 360° 范围内，共有 15 条边线，加上 $\phi16$ 和 $\phi85$ 两个圆，可以用曲面造型中的"通过曲线网格"命令来生成可乐瓶底。

3. 可乐瓶底的曲面造型创建过程

(1) 设置 XC-YC 平面为当前平面。按图 8.3 所示操作。

(2) 绘制矩形。单击"曲线"组中的"矩形"命令按钮 □，在弹出对话框中输入矩形的两个对角点坐标(0,0,0)和(42.5,-37,0)，绘制如图 8.4 所示的矩形。

图 8.3 将视图设置为 WCS

图 8.4 绘制矩形

(3) 偏置曲线。单击"曲线"组中的"偏置曲线"命令按钮 ⬡ ，弹出如图 8.5 所示的"偏置曲线"对话框，按尺寸偏置曲线，如图 8.6 所示。

(4) 画右侧大圆弧。根据图 8.1 中的 A—A 剖视图可知，右侧大圆弧的两端点分别通过A、B 两点并与 L1 相切。选择"菜单"|"插入"|"曲线"|"直线和圆弧"|"圆弧(点-点-相切)"命令，按非关联方式将其画出，如图 8.7 所示。

(5) 画 R6 圆及切线。用非关联方式画通过 C 点与 L3 相切的 R6 圆，其圆心在 L2 的延长线上。继续画出通过 D 点与 R6 相切的切线，如图 8.8 所示。

图 8.5 "偏置曲线"对话框

图 8.6 按尺寸偏置曲线

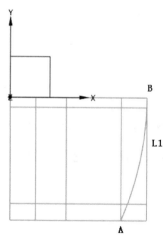
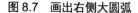

图 8.7 画出右侧大圆弧

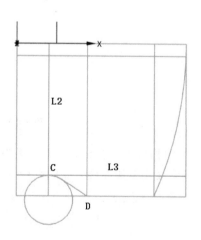

图 8.8 画 R6 圆及切线

(6) 画切线的垂线。用非关联方式画通过 R6 圆的中心、切点 E，并与切线 L4 垂直、长度为 12 的直线 L5。两端点分别为 H、J 点，如图 8.9 所示。

(7) 画 R6 过渡圆角。在 F、G 两点处，单击曲线"基本曲线"对话框中的"曲线倒圆"按钮 ⬝ ，对曲线进行 R6 圆角过渡，"曲线倒圆"对话框如图 8.10 所示。对过渡曲线左端按图 8.11 所示进行修剪，并将其余部分曲线删除。

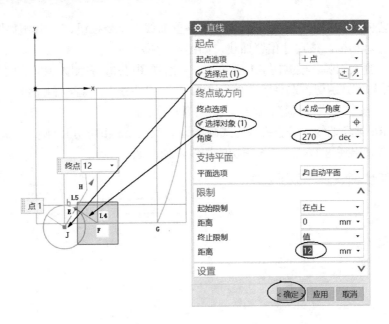

图 8.9　画切线的垂线

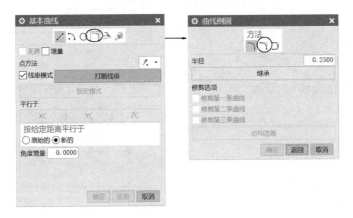

图 8.10　"曲线倒圆"对话框

（8）光顺曲线。对修剪曲线后得到的图 8.11 所示右侧轮廓线进行"连接曲线"处理，得到一条连续光滑的曲线，如图 8.12 所示。

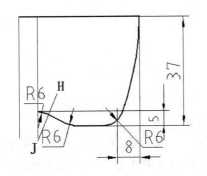

图 8.11　圆角过渡及修剪删除部分曲线

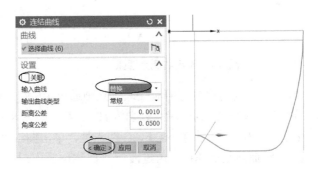

图 8.12　连接右侧轮廓曲线

(9)　隐藏右轮廓线。选中右轮廓线后按组合键 Ctrl+B 将其隐藏。

(10)　继续绘制左侧轮廓线。考虑到后续处理方便，将左侧轮廓线也绘制在右侧。通过直线 L5 两端点 H、J，分别画 R6 圆；画通过 M 点与直线 L1 相切、圆心在 N 点 R6 的圆；再按"相切-相切-半径"方式画出与两个 R6 圆相切且半径为 50 的圆弧，如图 8.13 所示。

(11)　修剪曲线。通过"修剪曲线"命令，按图 8.1 所示尺寸，对左轮廓进行修剪，并对直线 L1 在 M 点处修剪，隐藏其余曲线，如图 8.14 所示。

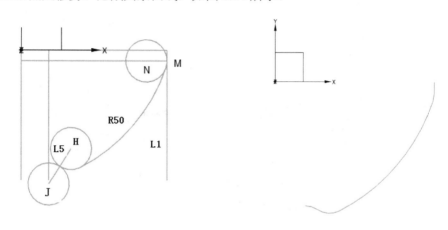

图 8.13　按尺寸画左轮廓线　　　　图 8.14　修剪并删除部分曲线后得到左侧轮廓线

(12)　连接曲线。对修剪曲线后得到的左侧轮廓线进行"连接曲线"处理，得到一条连续的曲线。

(13)　左轮廓线绕 Y 轴逆时针旋转 41.6°。选择"菜单"|"编辑"|"移动对象"命令，在弹出的"移动对象"对话框中选择左轮廓线为移动对象，按图 8.15 所示设置参数，"指定矢量"为 Y 轴，单击"确定"按钮完成旋转。

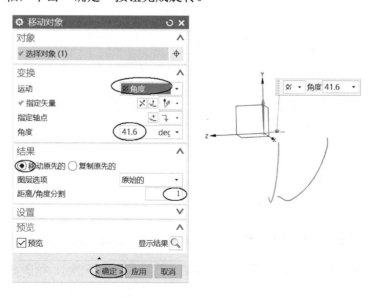

图 8.15　将左侧轮廓线绕 Y 轴逆时针旋转 41.6°

(14) 显示右轮廓线。选择"菜单"|"编辑"|"显示和隐藏"|"显示"命令，拾取右侧轮廓线将其显示。

(15) 右轮廓线绕 Y 轴逆时针复制旋转 11.2°。选择"菜单"|"编辑"|"移动对象"命令，如图 8.16 所示将右轮廓线绕 Y 轴逆时针复制旋转 11.2°。

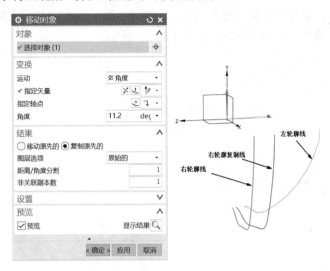

图 8.16　将右轮廓线绕 Y 轴逆时针复制旋转 11.2°

(16) 将三条轮廓线绕 Y 轴在 360°范围内逆时针复制旋转 5 份。选择"菜单"|"编辑"|"移动对象"命令，在弹出的"移动对象"对话框中选择三条轮廓线作为移动对象，按图 8.17 所示设置参数。

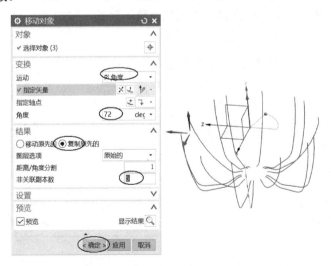

图 8.17　将三条轮廓线绕 Y 轴在 360°范围内逆时针复制旋转 5 份

(17) 画 ϕ85 及 ϕ16 两个圆。单击"圆弧/圆"按钮，如图 8.18 和图 8.19 所示，分别采用"从中心开始的圆弧/圆"和"三点画圆弧"方式画 ϕ85 和 ϕ16 两个圆，绘制时选择的 3 个点应是对应同一段曲线两端的端点。

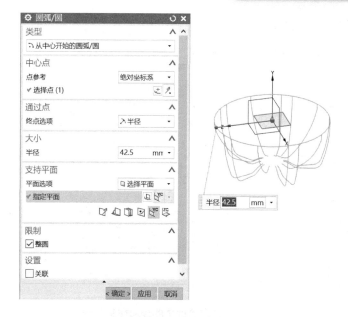

图 8.18　画 $\phi 85$ 圆

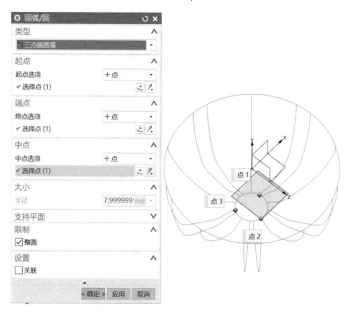

图 8.19　画 $\phi 16$ 圆

(18) 网格曲面。选择"菜单"|"插入"|"网格曲面"|"通过曲线网格"命令或单击"曲面"组中的"通过曲线网格"按钮 ，在弹出的"通过曲线网格"对话框中，如图 8.20 所示，首先选择主曲线，在 X 轴正向处拾取 $\phi 16$，单击鼠标中键(或单击"添加新集"按钮)以继续添加主曲线，继续在曲线大致相同的位置拾取 $\phi 85$ 的圆，注意观察箭头方向应该一致；然后拾取交叉曲线，将 15 条截面轮廓线作为交叉曲线，均要单击鼠标中键(或单击"添加新集"按钮)以继续添加交叉曲线。在拾取交叉曲线过程中，要注意观察箭头方向应该一致。在预览打开且正确拾取时，曲面会不断生成，15 条交叉曲线拾取完毕，最后还要拾

取第 1 条交叉曲线以封闭曲面。

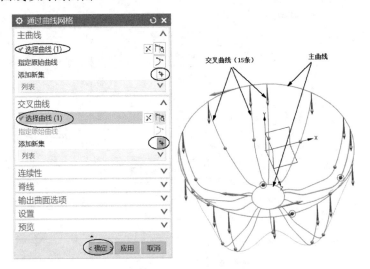

图 8.20　依次拾取主曲线和交叉曲线

(19) 隐藏曲线。将曲线隐藏后，得到最终的可乐瓶底实体造型，如图 8.21 所示。

图 8.21　完成可乐瓶底造型

8.4　知 识 学 习

8.4.1　艺术曲面

使用"艺术曲面"命令可以通过两条或两条以上的曲线创建曲面。

选择"菜单"|"插入"|"网格曲面"|"艺术曲面"命令，或者单击"曲面"选项卡中"曲面"组中的"艺术曲面"按钮◈，打开如图 8.22 所示的"艺术曲面"对话框。

1)　截面(主要)曲线

艺术曲面的主要线串，最少两组，当选完第一条后单击"添加新集"按钮⬦，在列表中会出现"新建"选项，此时即可选择第二组线串，如图 8.23 所示。

图 8.22　"艺术曲面"对话框

图 8.23　添加新集

注意：当截面曲线中有两组线串时，艺术曲面就可以生成了。在选择线串过程中注意线串的方向，在创建曲面时一定要使两个"截面曲线"的方向相同，否则无法创建曲面。

2）　引导(交叉)曲线

艺术曲面的引导线串主要是引导艺术曲面的走向，如果没有选择这组线串，艺术曲面的中间部分将会是线性过渡，如图 8.24 所示就是没有选择"引导线"的效果。"引导线"的选择方法与截面曲线的选择相同，同样要注意箭头的方向。

图 8.24　没有选择"引导线"的效果

3）　连续性

将新曲面约束为与相邻面呈 G0、G1 或 G2 连续。让艺术曲面在与其他曲面相交的地方与一个或多个被选择的体表面相切或等曲率过渡。

"艺术曲面"命令可以通过两条以上的曲线来创建曲面。下面讲解如何通过两条和多条曲线创建曲面，如何创建曲面之间的约束，具体操作步骤如下。

(1)　单击"曲面"选项卡中"曲面"组中的"艺术曲面"按钮 ◈。

(2)　选择截面(主要)曲线，如图 8.25 所示的"截面曲线 1"。

(3)　单击"艺术曲面"对话框中"截面(主要)曲线"下的"添加新集"按钮 ✛，然后选择如图 8.25 所示的"截面曲线 2"。

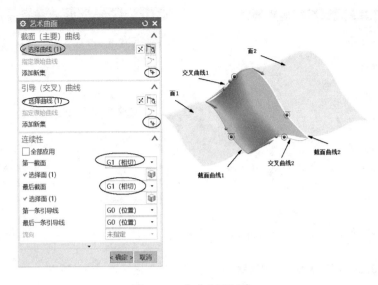

图 8.25 艺术曲面创建

以上三个步骤完成后，在没有"引导(交叉)曲线"条件下也可以创建曲面。

(4) 选择引导(交叉)曲线。单击"艺术曲面"对话框中"引导(交叉)曲线"下的"选择曲线"按钮，然后选择如图 8.25 所示的"交叉曲线 1"。

(5) 单击"引导(交叉)曲线"下的"添加新集"按钮，然后选择图示中的"交叉曲线 2"。

(6) 创建曲面后在"艺术曲面"对话框中展开"连续性"选项组(如图 8.25 所示)，单击"第一截面"下拉按钮，在下拉列表框中选择"G1 相切"约束。这里的"第一截面"是指"截面曲线 1"的曲面边界。

(7) 选择"相切"约束后，弹出"选择面"，选择如图 8.25 所示的"面 1"。单击"最后截面"下拉按钮，在下拉列表框中选择"G1 相切"约束，然后选择如图 8.25 所示的"面 2"。单击"确定"按钮完成艺术曲面的创建。

8.4.2　通过曲线网格

根据所指定的两组截面线串来创建曲面。第一组截面线串称为主曲线，即构建曲面的 U 向，第二组截面线串称为交叉线串，即构建曲面的 V 向。用曲面的 U 方向和 V 方向来控制曲面，能更好地控制曲面的形状。

选择"菜单"|"插入"|"网格曲面"|"通过曲线网格"命令，或者单击"曲面"选项卡上"曲面"组中"通过曲线网格"按钮，打开"通过曲线网格"对话框，如图 8.26 所示。

图 8.26 　"通过曲线网格"对话框

● 主曲线：相当于艺术曲面的"截面(主要)曲线"，选择方法也是相同的，最少两组线串，当选择完主曲线 1 后，单击"添加新集"按钮 继续选择主曲线 2，以此类推，选择主曲线 3，直至主曲线选择完毕。主曲线也可以为点。

- 交叉曲线：操作方式如主曲线。
- 连续性：通过 G0、G1 或 G2 连续与曲面过渡。主线串和交叉线串需要在公差范围内相交，如果实际相交点公差太大，也可以在设置中改变公差值，每条主线串和交叉线串都可由多段连续曲线体的边界组成。主线串也可以是点。
- 输出曲面选项。
    - 着重：指定曲面穿过主曲线或交叉曲钱，或者两条曲线的平均线。
        - 两者皆是：主曲线和交叉曲线有同等效果。
        - 主曲线：主曲线发挥更多的作用。
        - 交叉曲线：交叉曲线发挥更多的作用。
    - 构造：用于指定创建曲面的构造方法。
        - 法向：使用标准步骤构建曲线网格曲面，与其他方法相比需要使用更多补片来创建曲面。
        - 样条点：使用输入曲线的点及这些点的相切值来创建曲面。
        - 简单孔：无论是否指定，都会创建曲面。
- 设置：用于设置"通过曲线网格"特征指定片体或实体。
    - 重新构造：仅当输出曲面选项组中的构造设置为法向时才可用。通过重新设置第一主截面与横截面的阶次、公差或段数，构造高质量的曲面。
    - 公差：指定相交于连续选项的公差值，以控制有关输入曲线，构建曲面的精度。

"通过曲线网格"命令中的主曲线既可以为线串也可以为点，下面通过点与线串创建网格曲面。

- 单击"曲面"选项卡中"曲面"组中的"通过曲线网格"按钮 ，打开"通过曲线网格"对话框，如图 8.27 所示。
- 将"捕捉点"类型设置为"端点"，指定主曲线为点，选择图 8.27 所示"主曲线 1"(曲线端点)。

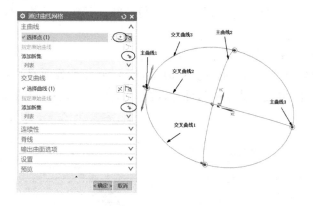

图 8.27 创建曲线网格

- 单击"添加新集"按钮，选择主曲线 2。
- 单击"添加新集"按钮，选择主曲线 3(曲线端点)。
- 选择完主曲线后，单击"交叉曲线"选项组中的"选择曲线"按钮，选择图中的交叉曲线 1，如图 8.27 所示。然后继续单击"添加新集"按钮，依次添加交叉曲线 2 和交叉曲线 3。单击"确定"按钮创建曲面，效果如图 8.28 所示。

图 8.28　曲线网格创建效果

8.4.3　N 边曲面

N 边曲面是通过已知的曲线串或边来创建曲面，创建曲面的线串或边不一定是封闭的，但一定是连续的、相连的曲线或边。通过"N 边曲面"命令可以创建由一组端点相连的曲线的曲面。

选择"菜单"|"插入"|"网格曲面"|"N 边曲面"命令，或者单击"曲面"选项卡中"曲面"组中的"N 边曲面"按钮
，打开"N 边曲面"对话框，如图 8.29 所示。

图 8.29　"N 边曲面"对话框

- 类型：可以创建两种类型的 N 边曲面。
  - ➢ 已修剪：根据选择的曲线或边创建曲面，创建单个曲面，可覆盖所选曲线或边的闭环内的整个区域。
  - ➢ 三角形：根据选择的曲线串或边创建曲面，但是曲面由多个三角形的面组成，每个补片都包含每条边和公共中心点之间的三角形区域。
- 外环：选择创建 N 边曲面的曲线串或边。
- 约束面：将选择的面与创建的 N 边曲面连续性相切或曲率约束。选择约束面可以自动将曲面的位置、曲率同该面相匹配，效果如图 8.30 和图 8.31 所示。

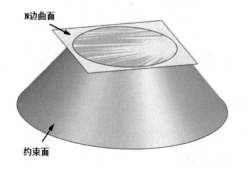

图 8.30　N 边曲面与面未约束

图 8.31　N 边曲面与面曲率约束

- UV 方位：通过一些参数来控制 N 边曲面的形状。
  - ➤ 脊线：使用脊线定义新曲面的 V 方向。新曲面的 U 方向等参数线朝向垂直于选定脊线的方向。
  - ➤ 矢量：使用矢量定义新曲面的 V 方向。新 N 边曲面的 UV 方向沿选定的矢量方向。
  - ➤ 面积：用于创建连接边界曲线的新曲面。
  - ➤ 内部曲线：用于选定边界曲线，通过创建所连接边界曲线之间的片体，创建新的曲面。
  - ➤ 定义矩形：用于指定第一个和第二个对角点以定义新的 WCS 平面的矩形。
- 形状控制：选取"约束面"后，该选项才可以使用。在其中可以选择 G0、G1 或 G2。
  - ➤ 中心控制：用于控制绕中心点的曲面的平面度。中心平缓滑块可用于上下移动曲面。
  - ➤ 约束：用于设置 N 边曲面的连续性，以同选定的约束面匹配。
- 设置：主要控制是否合并面以及通过公差选项控制构建曲面的精度。

"修剪到边界"选项，只有当类型设置为"已修剪"时才会显示。选中该复选框，创建的曲面将会修剪外环外多余的曲面。

实例 1："已修剪"类型在设计过程中是最常用的一个类型，下面通过曲面边缘创建"已修建"曲面和曲面之间的约束。

- 单击"曲面"选项卡中"曲面"组中的"N 边曲面"按钮 ，打开"N 边曲面"对话框。
- 在"类型"选项组中选择"已修剪"选项，如图 8.32 所示。

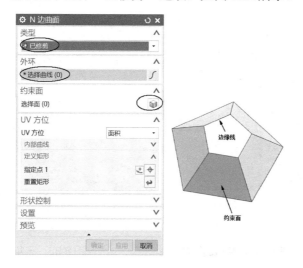

图 8.32　创建"N 边曲面"

- 选择如图 8.32 所示曲面上的边缘线生成曲面。展开"约束面"选项组，单击 按钮，如图 8.32 所示，然后选择图中五边形的面。
- 单击"确定"按钮，完成 N 边面的创建，效果如图 8.33 所示。

实例2：通过对"N边曲面"的了解，我们可以通过现有的曲线创建"三角形"曲面。

● 单击"曲面"选项卡"曲面"组中的"N 边曲面"按钮 ，打开"N 边曲面"对话框，如图8.34所示。

图 8.33　N 边曲面创建效果　　　　图 8.34　"N 边曲面"对话框

● 在"类型"选项组中选择"三角形"选项，如图8.35所示。

● 选择五边形作为外环。

● 展开"形状控制"选项组中的"中心控制"选项，设置 Z 参数为60，如图8.35所示。

● 单击"确定"按钮，完成曲面的创建，如图8.36所示。

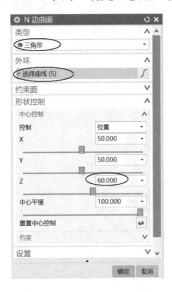

图 8.35　"三角形"类型 N 边曲面的创建　　　　图 8.36　三角形曲面创建效果

8.5　拓 展 练 习

练习绘制图8.37～图8.40。

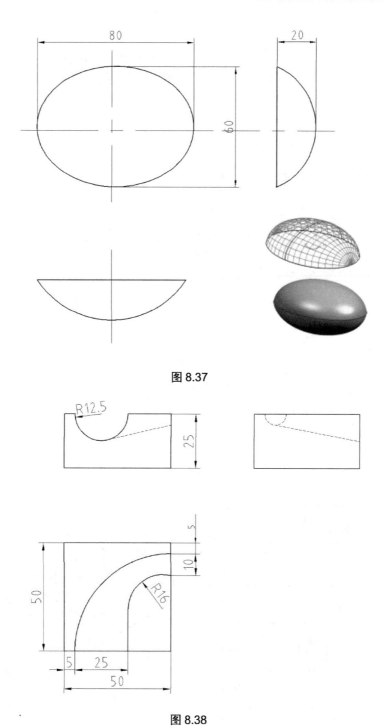

图 8.37

图 8.38

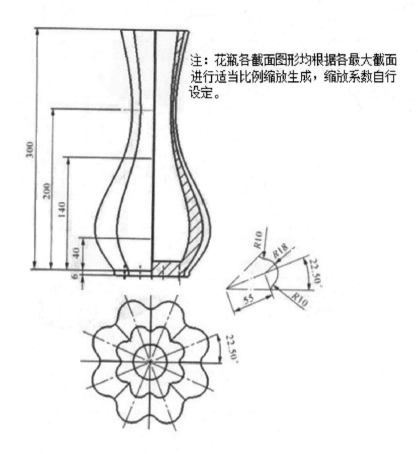

注：花瓶各截面图形均根据各最大截面进行适当比例缩放生成，缩放系数自行设定。

图 8.39

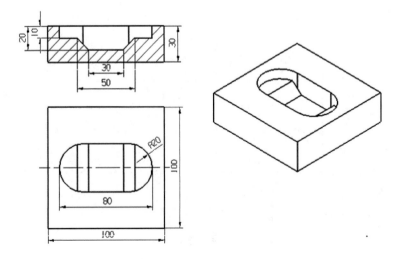

图 8.40

项目 9　创建汽车模型

9.1　项　目　描　述

本项目将通过一个汽车模型的曲面建模，介绍如何根据空间曲线创建曲面，并对创建的曲面进行编辑和操作。曲面编辑包括修剪与延伸、偏置曲面、有界曲面、修剪曲面、分割曲面、规律延伸、扩大面、桥接曲面、等参数修剪分割、片体加厚和缝合等。

9.2　知识目标和技能目标

知识目标

1. 掌握根据空间曲线创建曲面的方法。
2. 掌握曲面的修剪与延伸、偏置、修剪、分割、缝合和加厚的操作方法。
3. 掌握有界曲面、桥接曲面的创建方法。

技能目标

具备综合运用各种方法编辑曲面的能力。

9.3　实　施　过　程

创建如图 9.1 所示的汽车模型。

图 9.1　汽车模型

1. 工作任务分析

汽车模型曲面建模完成后的数据模型如图 9.1 所示，从图中可以看出模型是对称的，所以在建模的时候只需创建一半，如图 9.2 所示，另一半通过镜像命令即可创建。在一半建模的时候，可以将其分成三个部分：一是顶部凸起来的部分，如图 9.3 所示；二是车身的主体，如图 9.4 所示；三是通过裁剪所形成的年轮的部分轮廓，如图 9.5 所示。曲面建模相对于实体建模来说更复杂，难度也更大，根据已有的空间曲线，使用软件中的何种命令创建曲面是很关键的，不同的曲面命令创建出的曲面是不一样的。

图 9.2   创建一半的汽车模型

图 9.3   顶部建模

图 9.4   车身主体建模

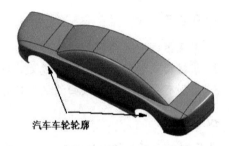

图 9.5   汽车车轮轮廓

2. 汽车模型基本曲面创建

构造基本曲面的空间曲线已经创建好，这些空间曲线是根据模型的不同要求在不同方向创建的，在此空间曲线的创建过程不做详述。根据这些空间曲线创建基本曲面，在使用曲面创建命令时注意对话框中参数的设置，不同的参数设置最后的结果可能会不一样。

(1) 双击桌面的快捷图标，打开 UG NX 10.0 软件。

(2) 在 UG NX 软件中单击"文件"选项卡中的"打开"按钮，弹出如图 9.6 所示的"打开"对话框。打开"汽车"文件，并进入建模模块。该文件包含要进行曲面建模的大部分构造线和三条坐标线，如图 9.7 所示。

(3) 选择"菜单"|"插入"|"网格曲面"|"通过曲线组"命令，或单击 "通过曲线组"按钮，弹出如图 9.8 所示的"通过曲线组"对话框。默认提示选择要构造曲面的空间曲线，选择汽车模型前围 5 根空间构造线。注意，每选一根后，单击"添加新集"按钮或单击鼠标中键再选下一根；当选择的构造线方向不一致时，可以通过单击"选择曲线"右侧的方向按钮改变方向。对话框中的所有选项都使用默认值，选择好所有线后单击鼠标中键或单击"确定"按钮完成曲面构建。

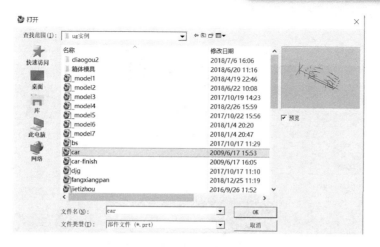

图 9.6　"打开"文件对话框

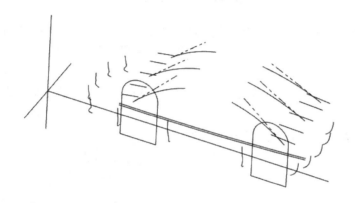

图 9.7　汽车模型曲线框架

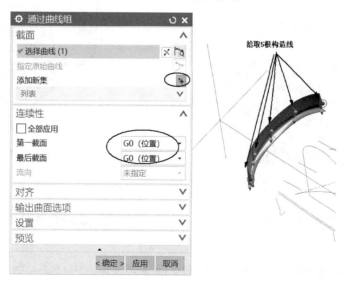

图 9.8　使用"通过曲线组"命令构建汽车前围曲面

(4)　再次选择"通过曲线组"命令，选择如图 9.9 所示 5 根直线，单击"确定"按钮完成曲面构建。

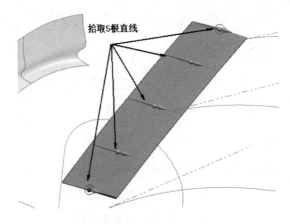

图 9.9　创建曲面 1

(5)　按快捷键 Ctrl+B 或选择"编辑"|"显示和隐藏"|"隐藏"命令，弹出"类选择器"对话框，直接选择上两步创建的曲面，单击"确定"按钮或单击鼠标中键将选择的曲面隐藏起来。

(6)　再次选择"通过曲线组"命令，选择如图 9.10 所示汽车前侧 3 根构造线，单击"确定"按钮完成曲面构建。

(7)　用同样的操作创建如图 9.11 所示曲面。

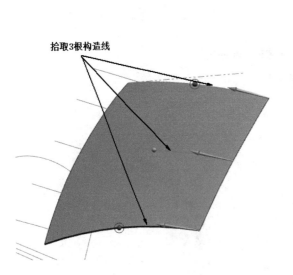

图 9.10　创建曲面 2

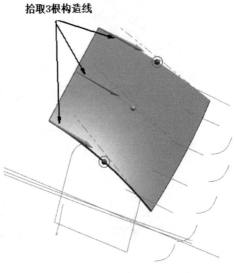

图 9.11　创建曲面 3

(8)　隐藏上两步创建的曲面。

(9)　使用"通过曲线组"命令创建如图 9.12 所示曲面。

(10) 使用"通过曲线组"命令创建如图 9.13 所示曲面。

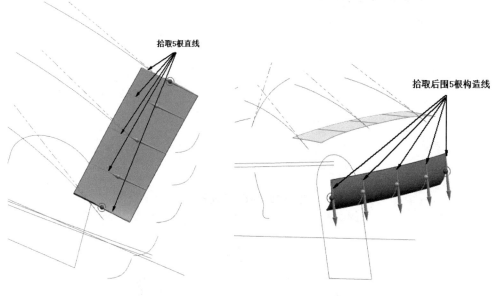

图 9.12　创建曲面 4　　　　　图 9.13　创建曲面 5

(11) 隐藏上两步创建的曲面。

(12) 使用"通过曲线组"命令创建如图 9.14 所示曲面。

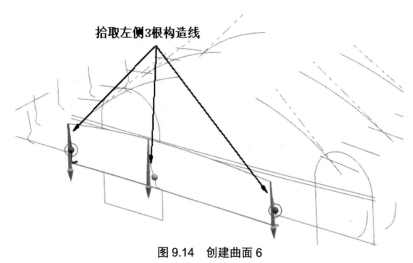

图 9.14　创建曲面 6

(13) 隐藏上一步创建的曲面。

(14) 选择"菜单"|"插入"|"网格曲面"|"直纹面"命令或单击"曲面"选项卡中的"直纹面"命令按钮 ，弹出"直纹面"对话框，依次选择如图 9.15 所示两根长构造线分别作为截面线串 1 和截面线串 2，对话框中的所有选项都使用默认值，单击鼠标中键或单击"确定"按钮完成曲面构建。

(15) 隐藏上一步创建的直纹面和三条坐标轴线。

(16) 使用快捷键 Ctrl+Shift+B 或选择"菜单"|"编辑"|"显示和隐藏"|"颠倒显示和隐藏"命令，将绘图区切换到曲面显示状态，隐藏构造线，如图 9.16 所示。

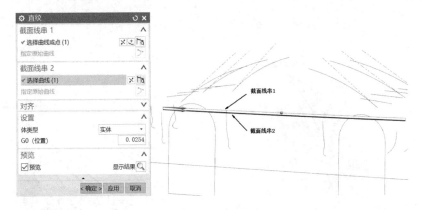

图 9.15　创建直纹面

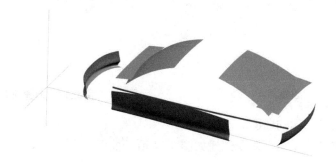

图 9.16　显示所有曲面

3. 汽车模型基本曲面连接

创建以上基本曲面后，要创建一些其他曲面将这些基本曲面连接起来。

(1)　选择"菜单"│"插入"│"细节特征"│"桥接"命令，弹出"桥接曲面"对话框，选择如图 9.17 所示的两条边，在"连续性"中选择"G1(相切)"，其他选项采用默认值，单击"确定"按钮完成汽车顶面桥接曲面的构建。

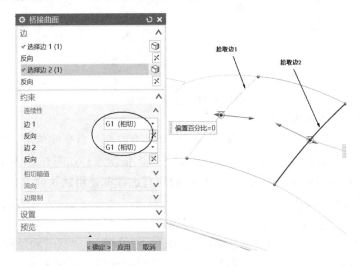

图 9.17　创建桥接曲面 1

(2)　隐藏上一步创建的桥接曲面和与桥接曲面相切的两个曲面。

(3)　再次使用"桥接曲面"命令创建如图 9.18 所示的曲面。

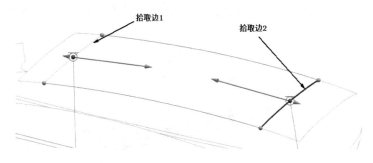

图 9.18　创建桥接曲面 2

(4)　隐藏上一步创建的桥接曲面和与桥接曲面相切的两个曲面。

(5)　第三次使用"桥接曲面"命令创建如图 9.19 所示的曲面，注意流向选择"等参数"。

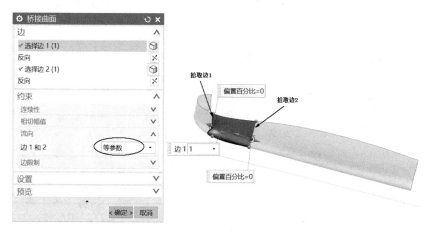

图 9.19　创建桥接曲面 3

(6)　第四次使用"桥接曲面"命令创建如图 9.20 所示的曲面，注意流向仍选择"等参数"。

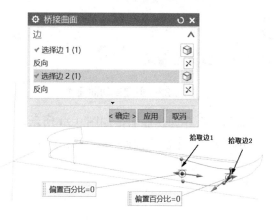

图 9.20　创建桥接曲面 4

(7) 使用快捷键 Ctrl + Shift+ K 或选择"菜单"|"编辑"|"显示和隐藏"命令，弹出"类选择器"对话框，在绘图区显示隐藏的所有对象。选择生成的所有片体，单击"确定"按钮或单击鼠标中键将选择的对象显示出来。显示所有曲面，如图 9.21 所示。

图 9.21　显示所有曲面

(8) 选择"菜单"|"插入"|"扫掠"|"截面"命令或单击"曲面"组中的"更多"面板中的"剖切曲面"按钮 ，弹出"部切曲面"对话框。如图 9.22 所示设置参数，单击鼠标中键或单击"确定"按钮完成曲面构建，构建的曲面如图 9.23 所示。

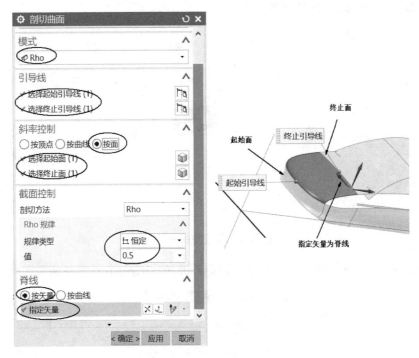

图 9.22　创建剖切曲面 1

(9) 再次使用"剖切曲面"命令创建曲面，如图 9.24 所示。

(10) 第三次使用"剖切曲面"命令创建曲面，如图 9.25 所示，生成的剖切曲面如图 9.26 所示。

(11) 隐藏上一步创建的剖切曲面。

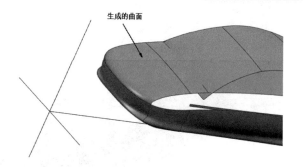

图 9.23　创建剖切曲面 2

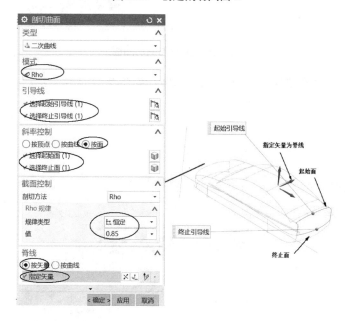

图 9.24　创建剖切曲面 3

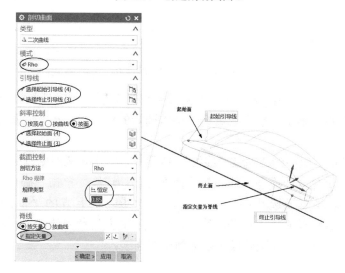

图 9.25　创建剖切曲面 4

图 9.26　生成的剖切曲面

(12) 第四次使用"剖切曲面"命令创建曲面，如图 9.27 所示。

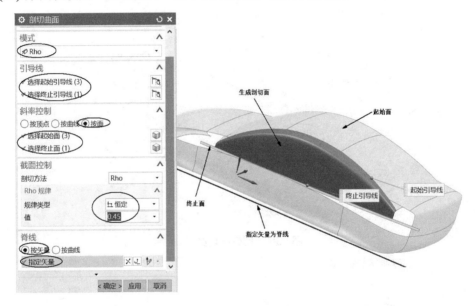

图 9.27　创建剖切曲面 5

(13) 按组合键 Ctrl + Shift + K，弹出"类选择器"对话框，在绘图区显示隐藏的所有对象。选择片体，单击"确定"按钮或鼠标中键将选择的对象显示出来。显示所有曲面，如图 9.28 所示。

(14) 单击"曲面"组中的"通过曲线组"按钮 ，弹出相应对话框。选择如图 9.29 所示的曲面边线，指定生成曲面与两边线对应曲面为相切连续，单击"确定"按钮完成曲面构建。注意：如果截面线选择不成功，请查看绘图区正上方的"曲线规则过滤器" 单条曲线 是否设置成了"单条曲线"。生成的曲面只和两边的曲面相切连续，和下面的曲面不连续，所以将进行额外操作以达到相切连续。

图 9.28　显示所有曲面

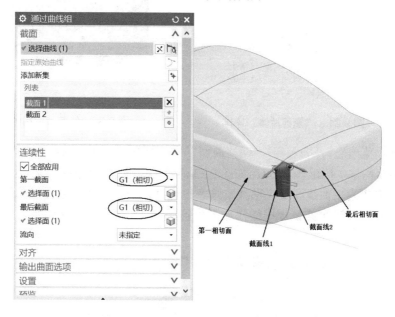

图 9.29　使用"通过曲线组"命令创建曲面

(15) 选择"菜单"|"插入"|"基准/点"|"基准平面"命令或单击"主页"选项卡中"特征"组中的"基准平面"按钮，弹出如图 9.30 所示的"基准平面"对话框。如图所示靠近曲线上方拾取边界线，弧长设定为"330"，单击"确定"按钮完成基准平面创建。

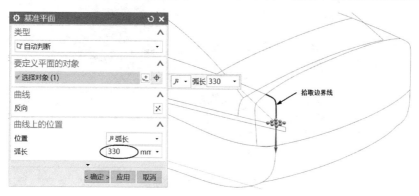

图 9.30　创建基准平面

(16) 选择"菜单"|"插入"|"修剪"|"修剪片体"命令或单击"曲面"组中的"修剪片体"按钮 ，弹出如图 9.31 所示的"修剪片体"对话框。选择曲面为目标体，基准平面为边界对象，注意单击的位置为保留的区域，单击"确定"按钮完成片体修剪，修剪效果如图 9.32 所示。

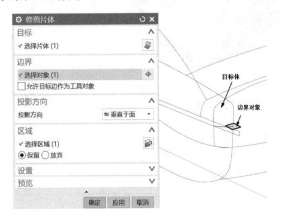

图 9.31   "修剪片体"操作   图 9.32   修剪片体后的效果

(17) 选择"菜单"|"插入"|"网格曲面"|"通过曲线网格"命令或单击"曲面"组中的"通过曲线网格"按钮 ，弹出如图 9.33 所示的"通过曲线网格"对话框。分别选择曲面的四个边界作为主曲线和交叉曲线，注意每选择好一条主曲线或交叉曲线后，要通过单击"添加新集"按钮 或鼠标中键添加下一条。并为生成的曲面和边界对应的曲面指定相切连续。

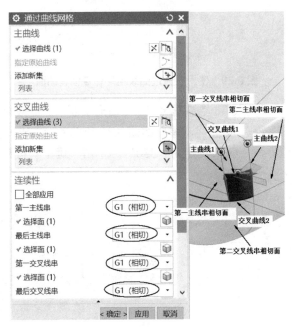

图 9.33   创建网格曲面

4. 汽车模型曲面修剪

在生成基本曲面后，要对曲面进行修剪，以使曲面与曲面之间共边线。

（1）选择"菜单"|"插入"|"基准/点"|"基准平面"命令或单击"特征"组中的"基准平面"按钮，弹出如图 9.34 所示的"基准平面"对话框。在"类型"下拉列表框中选择"XC-ZC 平面"选项，在当前工作坐标系的 XC-ZC 平面上创建一个基准平面。

图 9.34　创建 XC-ZC 基准平面

（2）选择"菜单"|"插入"|"修剪"|"修剪体"命令或单击"主页"选项卡中"特征操作"组中的"修剪体"按钮，弹出如图 9.35 所示的"修剪体"对话框。选择跨过 XC-ZC 平面的曲面为目标体，选择上一步创建的基准平面为工具面，单击鼠标中键或单击"确定"按钮完成修剪，修剪的结果如图 9.36 所示。

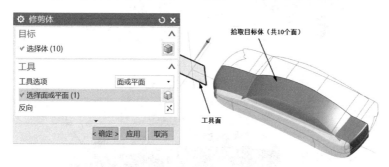

图 9.35　"修剪体"操作

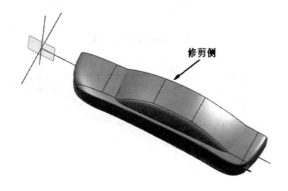

图 9.36　修剪结果

(3) 选择"菜单"|"插入"|"组合"|"缝合"命令或单击"曲面"选项卡中"特征操作"组中的"缝合"命令按钮📖，弹出如图 9.37 所示的"缝合"对话框。选择顶部的一个曲面作为目标面，选择顶部其余 3 个相邻面作为工具面，单击鼠标中键或单击"确定"按钮将顶部面组合在一起。

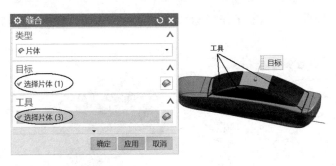

图 9.37　缝合顶面

(4) 再经过三次缝合将剩余曲面组合在一起，如图 9.38～图 9.40 所示，操作方法与上一步相同。

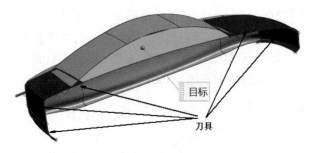

图 9.38　第二次缝合

图 9.39　第三次缝合

图 9.40　第四次缝合

（5）选择"菜单"｜"插入"｜"修剪"｜"修剪与延伸"命令或单击"曲面"组中的"修剪与延伸"按钮 ，弹出如图 9.41 所示的"修剪和延伸"对话框。在"修剪和延伸类型"下拉列表框中选择"制作拐角"选项，选择顶部组合面为目标体，选择其余组合面为工具体，注意显示箭头的方向，当向下时则"箭头侧"为保留，反之为删除。也可以单击方向图标 ，进行反向，再根据需要修剪的部分位置设置"箭头侧"为保留或删除。单击鼠标中键或单击"确定"按钮将两组合曲面互相修剪，并组合在一起。

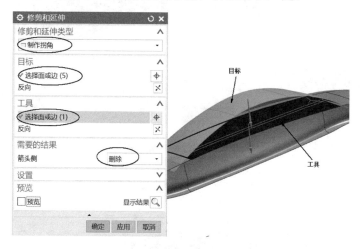

图 9.41　"修剪和延伸"操作

（6）按组合键 Ctrl+Shift+K，在弹出的"类选择"对话框中，单击如图 9.42 所示的两段曲线，单击"确定"按钮将选择的对象显示出来。

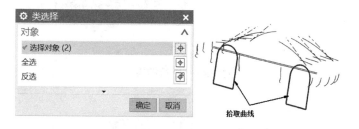

图 9.42　显示曲线

（7）单击"曲面"组中的"修剪片体"按钮 ，弹出相应的"修剪片体"对话框。选择曲面为目标体，选择曲线为边界对象，注意单击的位置为保留的区域，即在边界轮廓以外，如图 9.43 所示，指定投影方向为-YC 方向，单击鼠标中键或单击"确定"按钮完成片体修剪，修剪后的曲面如图 9.44 所示。

（8）选择"菜单"｜"插入"｜"关联复制"｜"镜像几何体"命令或单击"主页"选项卡中"特征操作"组中的"镜像几何体"按钮 ，弹出如图 9.45 所示的"镜像几何体"对话框。选择组合面为要镜像的几何体，选择基准平面为镜像平面，单击鼠标中键或单击"确定"按钮完成镜像，镜像结果如图 9.46 所示。

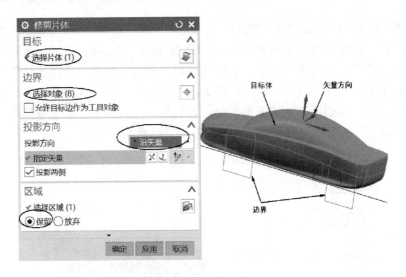

图 9.43   "修剪片体"操作

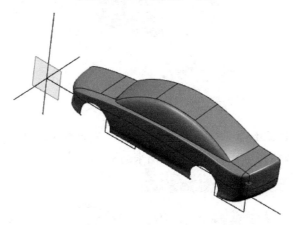

图 9.44   修剪结果

图 9.45   "镜像几何体"操作

图 9.46　镜像结果

　　(9) 选择"菜单"｜"插入"｜"组合体"｜"缝合"命令或单击"曲面"选项卡中"特征操作"组中的"缝合"命令按钮 📖 ，弹出如图 9.47 所示的"缝合"对话框。选择原组合曲面作为目标面，选择镜像曲面作为工具面，单击鼠标中键或单击"确定"按钮将曲面组合在一起。

图 9.47　缝合曲面

　　(10) 隐藏基准平面和曲线，单击"保存"按钮，将文件保存。

9.4　知　识　学　习

9.4.1　修剪和延伸曲面

　　修剪和延伸曲面主要是对已有的曲面通过指定边界线进行片体与面的修剪，或者进行边的延伸，主要包括修剪和延伸、修剪片体与分割面 3 种。

1. 修剪和延伸

　　"修剪和延伸"是指使用面的边缘进行延伸或者通过一个曲面修剪一个或多个曲面。

　　选择"菜单"｜"插入"｜"修剪"｜"修剪和延伸"命令，或者单击"曲面"选项卡中"曲面工序"组中的"修剪和延伸"按钮 📐 ，弹出如图 9.48 所示的"修剪和延伸"对话框。

图 9.48　"修剪和延伸"对话框

1)　直至选定

使用选中的面或边作为工具修剪或延伸目标。如果使用边作为目标或工具，那么在修剪之前进行延伸。

● 目标：用于选择要修剪或延伸的面或边。一般选择曲面的边。

● 工具：若选择了边，则将使用它的面来限制对目标对象的修剪或延伸；若选择面，则只能修剪目标对象。

"直至选定"修剪曲面的操作步骤如下。

(1)　选择"菜单"|"插入"|"修剪"|"修剪和延伸"命令，打开"修剪和延伸"对话框。

(2)　在"修剪和延伸类型"下拉列表框中选择"直至选定"选项，如图 9.49 所示。然后选择"目标"为图中的实体。

(3)　选择"工具"为图 9.49 中的三条边。

(4)　如果修剪预览不是预想的效果，可以单击 "反向"按钮来调整修剪和保留。

(5)　单击"确定"按钮完成曲面的修剪。

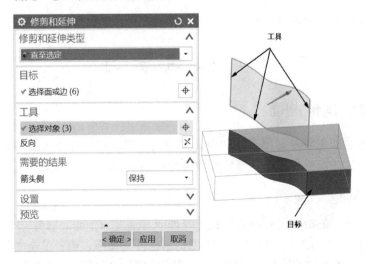

图 9.49　"直至选定"操作

2)　制作拐角

"制作拐角"可以在目标和工具之间形成拐角。

(1)　目标：用于选择要修剪曲面的边。

(2)　工具：不仅能进行修剪和延伸，而且在目标和工具之间可形成封闭拐角。

(3)　选择面或边：若选择了边，则将使用它的面来限制对目标对象的修剪或延伸；若选择面，则只能修剪目标对象。

"制作拐角"修剪曲面的操作步骤如下。

(1)　选择"菜单"|"插入"|"修剪"|"修剪和延伸"命令，打开"修剪和延伸"对话框。

(2)　在"修剪和延伸类型"下拉列表框中选择"制作拐角"选项，如图 9.50 所示。然后选择"目标"为图中的"目标"，确定修剪的方向为向内。

(3)　选择"工具"为图中的"刀具"，然后在图中确认修剪方向。

(4)　单击"确定"按钮完成曲面的修剪，如图 9.50 所示。

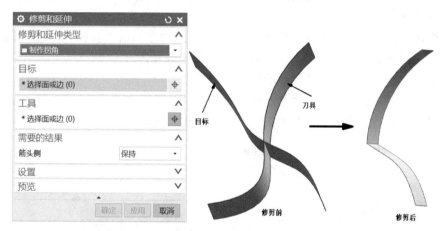

图 9.50　"制作拐角"操作

2. 修剪片体

"修剪片体"命令是指利用曲面、曲线或边缘等来修剪片体。

选择"菜单"|"插入"|"修剪"|"修剪片体"命令，或者单击"曲面"选项卡中"曲面工序"组中的"修剪片体"按钮 🗔，弹出如图 9.51 所示的"修剪片体"对话框。

① 目标：选择要被修剪的片体，单击直接选择片体即可，要注意的是单击的位置与"区域"设置有关。

② 边界：用来选择修剪片体的对象，包括曲线、片体、基准平面、曲面或面的边缘。

③ 投影方向：当用来修剪片体的边界对象偏离目标，即边界对象没有与目标重合、相交的情况下要设置"投影方向"，主要目的是把边界对象曲线或面的边缘投影到目

图 9.51　"修剪片体"对话框

标片体上。

- 垂直于面：这是默认的"投影方向"，将"边界对象"沿着"目标"的法线方向投影到"目标"上。
- 沿矢量：将"边界对象"按照选定的"矢量方向"投影到"目标"上。这是比较常用的一种方式。

④ 区域：选择要保留或舍弃的片体。

- 保留：在选择目标的时候单击的那部分是保留的，保留光标选择的片体部分。
- 放弃：在选择目标的时候单击的那部分是放弃的，放弃光标选择的片体部分。

⑤ 设置：修剪片体常用的数据设置。

- 保持目标：修剪片体后仍然保留原"目标"体。
- 输出精确的几何体：尽可能输出相交曲线。如果不可能，则会产生容错曲线。
- 公差：设置修剪片体中的公差。

在曲面设计中常常会用到曲面或基准来修剪曲面，下面讲解使用"修剪片体"命令修剪曲面的操作步骤。

(1) 单击"曲面"选项卡中"曲面工序"组中的"修剪片体"按钮 ，选择要修剪的曲面，如图 9.52 所示，在这里选择的是基准平面左侧的片体。

(2) 单击"选择对象"，选择基准平面。

(3) 在"区域"选项组中设置"选择区域"为"保留"。

(4) 单击"确定"按钮完成曲面的修剪，如图 9.52 所示。

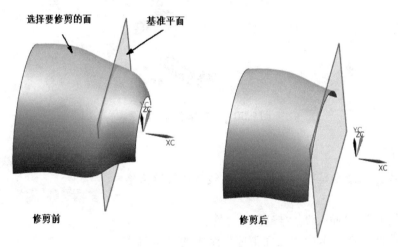

图 9.52 利用"基准平面"进行修剪

通过对"修建片体"命令的了解，还可以利用曲线对曲面进行修剪。

(1) 单击"曲面"选项卡中"曲面工序"组中的"修剪片体"按钮 ，选择要修剪的曲面，如图 9.53 所示，在这里选择的是边界外侧的汽车模型。

(2) 单击"选择对象"，选择图示边界。

(3) 在"区域"选项组中设置"选择区域"为"保留"。

(4) 单击"确定"按钮完成曲面的修剪，如图 9.54 所示。

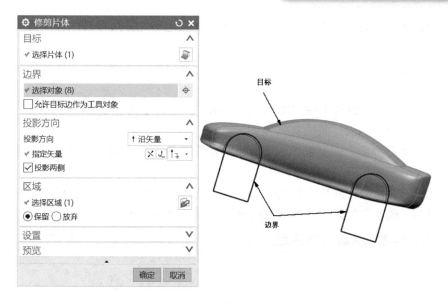

图 9.53　利用"曲线"修剪曲面

图 9.54　修剪后的效果

3. 分割面

通过"分割面"命令可以使用曲线、边、面、基准平面或实体之类的多个分割对象来分割某个现有体的一个或多个面。这些面是关联的，可以使用"分割面"命令在部件、图样、模具的模型上创建分型面。

选择"菜单"|"插入"|"修剪"|"分割面"命令，或者单击"曲面"选项卡中"曲面工序"组中的"分割面"按钮 ⬧，弹出如图 9.55 所示的"分割面"对话框。

① 要分割的面：选择要被分割的面。

② 分割对象：选择分割对象，如曲线、面、基准平面、实体、边。

③ 投影方向：与修剪片体中的"投影方向"同解。

④ 设置。

● 隐藏分割对象：在执行分割面操作后隐藏分割对象。

● 不要对面上的曲线进行投影：控制位于面内并且被选为分割对象的任何曲线的投影，选中此复选框时，分割对象位于面内的部分不会

图 9.55　"分割面"对话框

投影到任何其他要进行分割的选定面上。未选中此复选框时，分割曲线会投影到所有要分割的面上。

在设计中可以使用"分割面"命令将曲面或平面分割。下面讲解如何使用曲线分割实体面。

(1) 单击"曲面"选项卡中"曲面工序"组中的"分割面"按钮 。

(2) 选择要分割的面，如图 9.56 所示。

(3) 单击"分割面"对话框中的"分割对象"下的按钮，将"分割对象"选项激活。选择图中的"分割对象"。

(4) 选中"隐藏分割对象"复选框，在操作完成后"分割对象"将会隐藏。

(5) 单击"确定"按钮，完成曲面的分割，效果如图 9.56 所示。

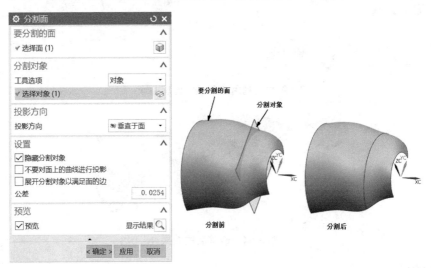

图 9.56　"分割面"操作

9.4.2　曲面

1. 有界平面

用一个连续封闭的边界或曲线创建的曲面就叫有界曲面。使用"有界平面"可以创建由一组首尾相连的封闭曲线构成的平面片体，封闭的曲线必须共面。

选择"菜单"|"插入"|"曲面"|"有界平面"命令，或者单击"曲面"选项卡中"曲面"组中的"有界平面"按钮 ，弹出如图 9.57 所示的"有界平面"对话框。

"平截面"用于选择端到端曲线或实体边的封闭线串来形成有界平面的边界。边界线串可以由单个或多个对象组成，对象可以是曲线、实体或实体面。

图 9.57　"有界平面"对话框

注意: "有界平面"命令与"N 边曲面"命令类似，但是与"N 边曲面"最大的区别就是"有界平面"只支持平面，只能创建同一平面上的曲线或边界；第二个区别就是"有界平面"的线串必须是封闭的。

"有界平面"命令是通过封闭的边界或曲线创建平面,下面创建 "相切曲线"的"有界平面"。

(1) 单击"曲面"选项卡中"曲面"组中的"有界平面"按钮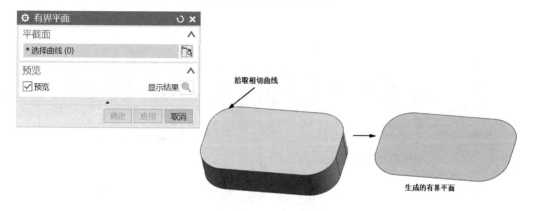,打开"有界平面"对话框。在"平截面"组中单击"选择曲线"按钮。

(2) 在过滤器中选择"相切曲线" 相切曲线 ▼ ,然后选择如图 9.58 所示面的边缘。

(3) 单击"确定"按钮,得到图示的有界平面效果。

图 9.58 "有界平面"操作过程

2. 扩大

使用"扩大"命令可通过创建与原始面关联的新曲面,更改修剪或未修剪片体/面的大小。

选择"菜单"|"编辑"|"曲面"|"扩大"命令,或者单击"曲面"选项卡中"编辑曲面"组中的"扩大"按钮,弹出如图 9.59 所示的"扩大"对话框。

- 选择面:用于选择要修改的曲面。
- 调整大小参数。
  - ➢ 全部:将相同修改应用于片体的所有面。
  - ➢ U 向起点百分比:指定片体各边的修改百分比。要标识边,拖动手柄选择。
  - ➢ 重置调整大小参数:在创建模式下,将参数重新设置为0。

图 9.59 "扩大"对话框

- 模式。
  - ➢ 线性:在一个方向上线性延伸片体的边。但是线性模式下只能扩大面而不能缩小面。
  - ➢ 自然:顺着曲面的自然曲率延伸片体的边。自然模式可以自由扩大或缩小片体的大小。
  - ➢ 编辑副本:对片体副本进行扩大,如果不选中就扩大原始片体。

"扩大"是将现有曲面通过一定的规律进行扩大,操作如下。

(1) 单击"曲面"选项卡中"编辑曲面"组中的"扩大"按钮,弹出 "扩大"对

话框。

(2) 选择如图 9.60 所示的要扩大的面。

(3) 在"调整大小参数"选项组下，选中"全部"复选框，在"U 向起点百分比"下拉列表框中输入"25" 如图 9.60 所示。

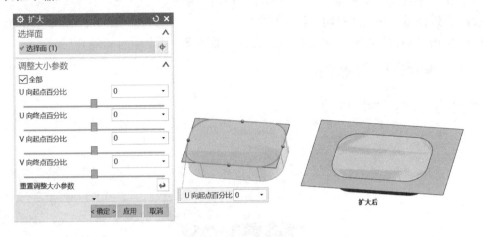

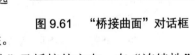

图 9.60　扩大曲面

3. 桥接曲面

"桥接曲面"主要是在两个片体之间创建一个过渡曲面。"桥接曲面"与片体之间可以相切连续、曲率连续和位置约束。

选择"菜单"｜"插入"｜"细节特征"｜"桥接"命令，或者单击"曲面"选项卡中"曲面"组中的"桥接"按钮 ，弹出如图 9.61 所示的"桥接曲面"对话框。

图 9.61　　"桥接曲面"对话框

- 边：选择需要桥接曲面的两个曲面或边，有两个选择，分别是选择边 1 和选择边 2。
- 约束：控制新曲面与原始的两个曲面之间的连续性。
  - ➢ 连续性：可以分别控制边 1 和边 2 的"连续性"及桥接的方向，在"连续性"下拉列表框中有 3 个选项，分别是 G0 (位置)、G1 (相切)和 G2 (曲率)。
  - ➢ 相切幅度：表示起始和终止值中的相切百分比。这些值初始设置为 1。要获得反向相切桥接曲线，可单击"反向"按钮。
  - ➢ 流向：选择"桥接曲面"的对齐方式。
  - ➢ 边限制：调整边上的位置和面上的位置。

使用"桥接曲面"命令可以执行以下操作。

- 在桥接和定义曲面之间指定相切或曲率连续性。
- 指定每条边的相切幅值。
- 选择曲面的流向。
- 将曲面边限制为所选边的某个百分比。
- 将定义边偏置到所选曲面边上。

实例 1：创建约束为"位置"的桥接曲面。

（1）单击"曲面"选项卡中"曲面"组中的"桥接"按钮 ，打开"桥接曲面"对话框。

（2）选择"选择边 1"为图 9.62 中的"边 1"，然后单击"选择边 2"按钮，选取图中的"边 2"。

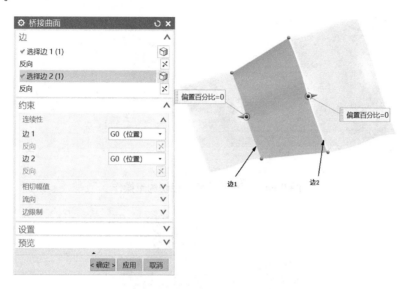

图 9.62　"桥接曲面"位置约束操作

（3）展开"约束"选项组，在"边 1"下拉列表框中选择"G0(位置)"，在"边 2"下拉列表框中选择"G0(位置)"，单击"确定"按钮，得到如图 9.63 所示的效果。

图 9.63　"桥接曲面"位置约束的效果

实例 2：创建约束为"相切"的桥接曲面。

（1）同"实例 1"中的步骤(1)和步骤(2)。

（2）展开"约束"选项组，如图 9.64 所示，在"边 1"下拉列表框中选择"G1(相切)"，在"边 2"下拉列表框中选择"G1(相切)"，单击"确定"按钮，得到如图 9.65 所示的效果。

实例 3：创建约束为"曲率"的桥接曲面。

（1）同"实例 1"中的步骤(1)和步骤(2)。

（2）展开"约束"选项组，如图 9.66 所示，在"边 1"下拉列表框中选择"G2(曲率)"，在"边 2"下拉列表框中选择"G2(曲率)"，单击"确定"按钮，得到如图 9.67 所示的效果。

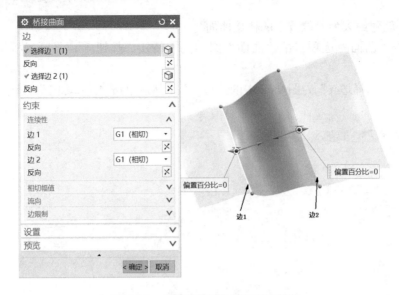

图 9.64　"桥接曲面"相切约束操作

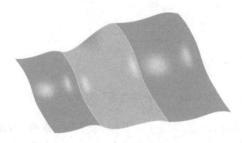

图 9.65　"桥接曲面"相切约束的效果

图 9.66　"桥接曲面"曲率约束操作

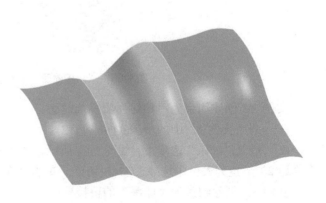

图 9.67　"桥接曲面"曲率约束的效果

9.4.3　偏置缩放

偏置缩放主要是对已有的曲面进行复制或移动，或者通过对片体的加厚使其产生实体。下面主要介绍曲面的偏置和加厚。

1. 偏置曲面

"偏置曲面"命令是将一组曲面按照面的法向进行一定距离的偏置，生成一个新的曲面。通过沿所选择的曲面法向偏置面，可以创建真实的偏置曲面。指定的距离称为偏置距离。可以选择任何类型的面来创建偏置。

图 9.68　"偏置曲面"对话框

选择"菜单"｜"插入"｜"偏置/缩放"命令，或者单击"曲面"选项卡中"曲面工序"组中的"偏置曲面"按钮 ，弹出如图 9.68 所示的"偏置曲面"对话框。

在"偏置曲面"过程中，可以控制偏置的方向，在选择要偏置的曲面后，有一个代表方向的箭头，拖动它可以改变偏置的距离，双击箭头可以改变偏置的方向。

1）　要偏置的面

用于选择要偏置的面，选择的面可以分组到具有相同偏置距离的多个集合中，所选择的面将在列表选项中显示。

①　偏置 1：在这里可以指定不同面集的偏置距离。

②　添加新集：创建选定面的面集，单击"添加新集"按钮来创建一个新集。

2）　特征

①　输出：确定输出曲面的数量。

●　所有面对应一个特征：所有选定并相连的面创建单个偏置曲面。

●　每个面对应一个特征：每一个选定的面独立创建偏置曲面。

②　面的法向。

●　在"输出"选项为"每个面对应一个特征"时可以设置"面的法向"。

●　使用现有的：使用要偏置曲面的法向作为偏置方向。

●　从内部点：指定一个点，这个点为选定面的内部点，偏置的方向远离选定面的方向。

●　指定点：在"面的法向"选项设置为"从内部点"时可用，用于选择内部点。

3）　部分结果

①　启用部分偏置：无法从指定几何体获取完整结果时，提供部分偏置结果。

②　动态更新排除列表：选择"启用部分偏置"时可用，在偏置中若检测到问题对象会自动添加到排除列表中。

③　要排除的最大对象数：选择"启用部分偏置"和"动态更新排除列表"后可用。在获取结果时控制要排除的问题对象的最大数量。

④　局部移除问题顶点：选择"启用部分偏置"和"动态更新排除列表"后可用。根据球形刀具半径大小从部件中减去问题顶点。

⑤　球形刀具半径：控制"局部移除问题顶点"中球形刀具的半径。

通过"偏置曲面"命令可以将曲面进行有规律的偏置，下面讲解和分析如何将一个现有曲面偏置出新曲面。

(1) 选择"曲面"选项卡中"曲面工序"组中的"偏置曲面"按钮 🖑，弹出如图 9.69 所示的"偏置曲面"对话框。

(2) "要偏置的面" 选择图中的"原始曲面"。

(3) 在"偏置 1"下拉列表框中输入距离为"5"。如果方向不符合，单击"反向"按钮或双击箭头来切换偏置的方向。

(4) 单击"确定"按钮完成曲面的偏置，效果如图 9.69 所示。

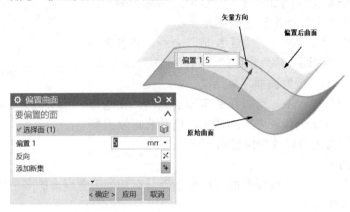

图 9.69　"偏置曲面"操作

2. 加厚曲面

"加厚"命令可将一个或多个相连面或片体偏置为实体。加厚效果是通过将选定面沿着其法向进行偏置，然后创建侧壁而生成的。

选择"菜单"|"插入"|"偏置/缩放"|"加厚"命令，或者单击"曲面"选项卡中"曲面工序"组中的"加厚"按钮 🖑，弹出如图 9.70 所示的"加厚"对话框。

图 9.70　"加厚"对话框

① 面：选择要"加厚"的面或片体，所选定的对象必须是相互连接的。

② 厚度：有两个选项，偏置 1 和偏置 2，加厚特征设置一个或两个偏置。正偏置值应用于加厚方向，由显示的箭头表示，负偏置值表示向箭头的反方向加厚。

③ 布尔：为加厚的体和目标体执行布尔特征。

● 无：只创建加厚特征，不进行布尔特征。

- 求和：将加厚特征体与目标体特征合并在一起。
- 求差：将加厚特征体从目标体特征中移除。
- 求交：将加厚特征体与目标体相交部分保留。

④ 设置：公差选项为加厚操作设置距离公差。默认采用距离公差建模首选项。

"加厚"命令可以将曲面加厚成一个实体，操作步骤如下。

(1) 单击"曲面"选项卡中"曲面工序"组中的"加厚"按钮 ，弹出 "加厚"对话框。

(2) 选择如图 9.71 所示的加厚前的曲面，然后在"厚度"选项组中设置"偏置 1"为 7。

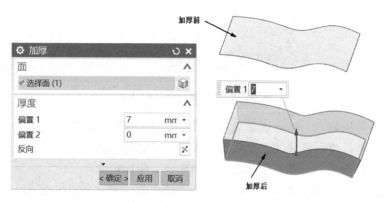

图 9.71　"加厚"操作

(3) 在偏置过程中，可以单击"反向"按钮来调整偏置的方向。

(4) 单击"确定"按钮，得到图示的实体。

9.4.4　弯边曲面

弯边曲面是指在已有片体的边，生成给予长度和角度的可按规律变化的延伸曲面。"规律延伸"命令根据距离规律及延伸的角度来延伸现有的曲面或片体。

选择"菜单"|"插入"|"弯边曲面"|"规律延伸"命令，或者单击"曲面"选项卡中"曲面"组中的"规律延伸"按钮 ，弹出如图 9.72 所示的"规律延伸"对话框。

① 类型：有两种类型。

- 面：选取表面参考方法。将以线串的中间点为原点，坐标平面垂直于曲线终点的切线，0 度轴与基础表面相切方式，确定位于线串中间点上的角度参考坐标系。
- 矢量：选取矢量参考方法。用户指定一个矢量方向，将会以 0 度轴平行于矢量方向的方式定位线串中间点的角度参考坐标系。

② 基本轮廓：指定曲线或边线串来定义要创建的曲面的基本边，可以选择曲线、草图、面的边缘。

③ 参考面：此命令只有在类型为"面"时才会出现，主要用于选择选取线串所在的面。

④ 长度规律：用于定义延伸面的长度函数。

- 恒定：为延伸曲面的长度指定恒定的值。
- 线性：使用起点与终点选项指定线性变化的曲线。

图 9.72 "规律延伸"对话框

- 三次：使用起点与终点选项来指定以指数方式变化的曲线。
- 根据方程：使用表达式及参数表达变量来定义规律。
- 根据规律曲线：选择一条曲线或线串来定义规律函数。
- 多重过渡：通过所选基本轮廓上的多个结点或点来定义曲线规律。
- 角度规律：定义延伸面的角度函数，下拉列表框中的所有选项与"长度规律"相同。
- 脊线：主要决定角度测量平面的方位。角度测量平面垂直于脊线。

下面讲解如何创建规律曲面。

(1) 选择"菜单"│"插入"│"曲线"│"圆弧/圆"命令，打开"圆弧/圆"对话框。

(2) 在"类型"下拉列表框中选择"从中心开始的圆弧/圆"，选择"中心点"为坐标原点(单击 按钮，在弹出的"点"对话框中输入原点坐标，如图 9.73 所示)。

(3) 在"终点选项"下拉列表框中选择"半径"选项，输入"半径"为"50"；展开"限制"选项组，选中"整圆"复选框，如图 9.73 所示。单击"确定"按钮完成圆的创建，如图 9.73 所示。

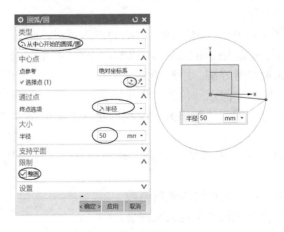

图 9.73 使用"圆弧/圆"命令创建圆

(4) 单击"曲面"选项卡中"曲面"组中的"规律延伸"按钮 🖛，弹出"规律延伸"对话框，在"类型"下拉列表框中选择"矢量"。

(5) 选择"基本轮廓"为创建的 R50 圆。选择矢量方向为 ZC。

(6) 在"长度规律"中设置"规律类型"为"恒定"，输入"值"为 5。

(7) 在"角度规律"中设置"规律类型"为"线性"，设置"起点"角度为"0"，"终点"角度为"7200"，如图 9.74 所示。

(8) 单击"确定"按钮完成规律曲线的创建，如图 9.74 所示。

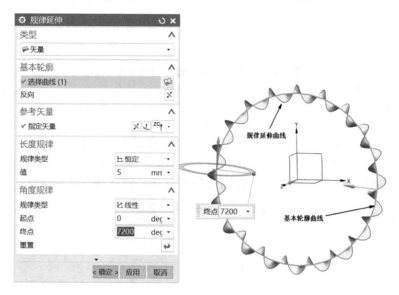

图 9.74　"规律延伸"曲线操作

(9) 选择"菜单"|"插入"|"派生曲线"|"抽取"命令，打开"抽取曲线"对话框，如图 9.75 所示。单击"边曲线"按钮，弹出"单边曲线"对话框，选择规律延伸的曲面螺旋线边，单击"确定"按钮完成抽取曲线的操作，效果如图 9.76 所示。

图 9.75　"抽取曲线"操作

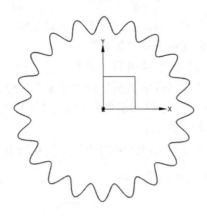

图 9.76　使用"抽取曲线"命令的效果

9.4.5　缝合

"缝合"命令可以将多个曲面合并成一个曲面，也可以将一组封闭的曲面合并成实体。

选择"菜单"｜"插入"｜"组合"｜"缝合"命令，或者单击"曲面"选项卡中"曲面工序"选项组中的"缝合"按钮 ，弹出如图 9.77 所示的"缝合"对话框。

图 9.77　"缝合"对话框

如图 9.78 所示是缝合橄榄球曲面形成实体的操作。

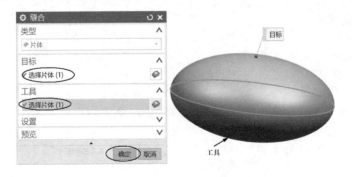

图 9.78　"缝合"操作

9.5　拓 展 练 习

练习绘制图 9.79～图 9.80。

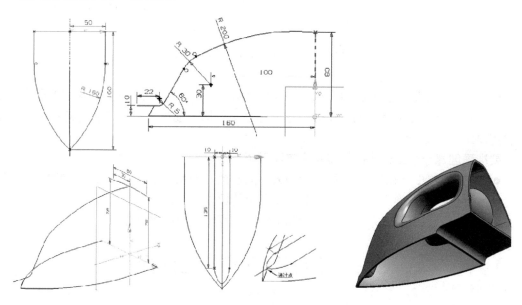

图 9.79

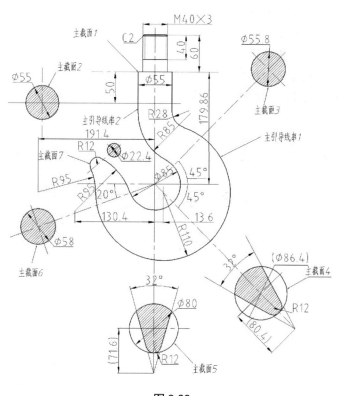

图 9.80

项目 10   创建方盒零件

10.1   项 目 描 述

NX 以强大的实体建模功能而著称，三维实体建模是 NX 的核心功能。其中工程特征是三维建模最基础也是最重要的一部分，主要包括边倒圆、筋板、拔模、倒斜角特征等，是一种用途比较广泛的特征。

要准确创建一个工程特征，需要确定以下两类参数。

- 定形参数：确定工程特征形状和大小的参数，如长、宽、高和直径等参数。
- 定位参数：确定工程特征在基础特征上的放置位置。
- 本项目主要通过方盒零件的绘制来学习工程特征等应用操作。

10.2   知识目标和技能目标

知识目标

1. 掌握实体建模的操作步骤和技巧。
2. 掌握边倒圆命令及其操作技巧。
3. 掌握倒斜角命令及其操作技巧。
4. 掌握拔模命令及其操作技巧。
5. 掌握板筋命令及其操作技巧。

技能目标

具备简单三维实体的绘制能力。

10.3   实 施 过 程

绘制如图 10.1 所示的方盒零件。

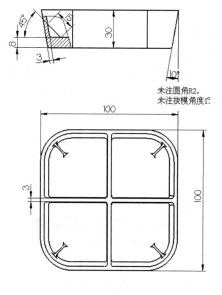

图 10.1　方盒零件

1. 启动 NX 10.0 软件

在 Windows 系统中选择"开始"|"所有程序"|Siemens NX 10.0|NX 10.0 命令，启动 NX 10.0 软件，或直接用鼠标双击桌面上的 NX 10.0 系统快捷图标。

2. 新建文件

在菜单栏中选择"文件"|"新建"命令，或单击"新建"按钮 ，系统弹出"新建"对话框，在"名称"栏中选取"模型"，在"新文件名"文本框中输入"方盒.prt"，再单击"确定"按钮，进入 UG 主界面。

3. 创建方盒产品

1）　创建长方体特征

选取长方体特征命令创建 100×100×30 的长方体。

2）　创建边倒圆特征

单击工具栏中的"边倒圆"按钮 ，在绘图区选取如图 10.2 所示的边线。设置边倒圆半径为"20"，单击"确定"按钮，完成边倒圆特征，如图 10.3 所示。

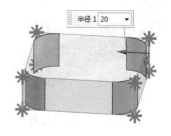

图 10.2　选取倒圆边线

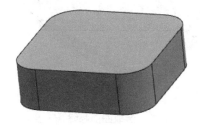

图 10.3　边倒圆特征

3) 创建拔模特征

(1) 单击工具栏中的"拔模"按钮 ☂ 或选择"菜单"|"插入"|"细节特征"|"拔模"命令，如图 10.4 所示，系统会默认以 Z 方向为脱模方向，如果脱模方向不是该方向可以单击"反向"按钮进行调整，或者可以选定 X、Y、Z 中的一个坐标轴作为拔模方向。

(2) 单击选用第一种拔模方法"固定面"。选择特征模块的底面作为固定面参照，如图 10.5 所示。

(3) 选择要拔模的面，在此选择整个侧面为要拔模的面，如图 10.6 所示。

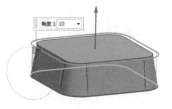

图 10.4 选取拔模方向　　图 10.5 拔模方法选项　　图 10.6 选取要拔模的面

(4) 最后设置拔模角度，直接在对话框中将"角度"设置为"10"。单击"确定"按钮，即可完成拔模特征的建立，如图 10.7 所示。

4) 创建抽壳特征

(1) 选择"菜单"|"插入"|"偏置/缩放"|"抽壳"命令，或单击工具栏中的"抽壳"按钮 ⬜。

(2) 在绘图区选取如图 10.8 所示的原底面作为移除面。

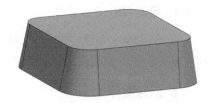

图 10.7 创建拔模特征

(3) 在抽壳设计面板"厚度"文本框中输入"3"。

(4) 单击"备选厚度"按钮，如图 10.9 所示选择原顶面，设置其厚度为"8"。

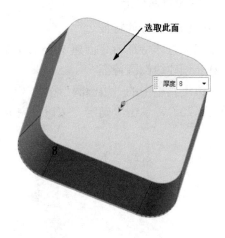

图 10.8 选取曲面移除　　　　　图 10.9 设置备选厚度

(5) 单击"确定"按钮完成抽壳特征的创建，如图 10.10 所示。

图 10.10　创建抽壳特征

4. 创建边倒圆特征

单击工具栏中的"边倒圆"按钮 🔲，在绘图区选取如图 10.11 所示的边线。设置倒圆角半径为"2"，单击"确定"按钮，完成边倒圆特征，如图 10.12 所示。

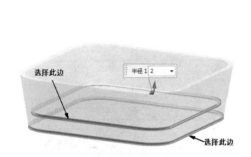

图 10.11　选取边倒圆边线

图 10.12　创建边倒圆特征

5. 创建筋板特征

(1) 选择"菜单"|"插入"|"设计特征"|"筋板"命令，系统将会打开筋板特征设计图标板。

(2) 在"筋板"对话框中，单击"绘制截面"按钮 🔲，绘制所需平面，如图 10.13 所示在绘图区选取零件顶面作为草绘平面，其余接受系统默认设置，进入二维草绘模式，绘制如图 10.13 所示的筋连接线，单击草绘工具栏中的"完成草图"按钮，退出草图模式。

(3) 在"壁"选项栏选择垂直于剖切平面，在"尺寸"选项栏选择"对称"，在"厚度"文本框中输入"3"，单击"确定"按钮完成筋板特征建立。

(4) 单击"边倒圆"按钮 🔲，选择所有筋与壳体相交的边线和筋板十字交叉处边线，设置边倒圆半径为"2"。

(5) 单击"确定"按钮，完成筋板特征创建，如图 10.14 所示。

6. 创建基准轴面

单击工具栏中"基准平面"按钮 🔲，系统打开"基准平面"对话框，如图 10.15 所示，选择类型为"成一角度"，平面参考对象选择 ZC-YC 平面或者 ZC-XC 平面，线性对象选择 Z 轴，角度设置为"45"，创建完成的基准平面如图 10.16 所示。

图 10.13 草绘平面

图 10.14 创建的筋板特征

图 10.15 "基准平面"对话框

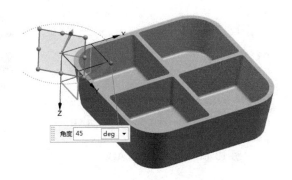

图 10.16 创建的基准平面

7. 创建筋板特征

(1) 选择"菜单"|"插入"|"设计特征"|"筋板"命令，系统弹出"筋板特征"对话框。

(2) 在"截面"选项栏中选择平面，选择上一步创建的基准平面。

(3) 系统自动进入草图环境，绘制所需要的筋板连接线。为了能更好地草绘出所需要的筋板连接线，建议渲染模式选择"静态线框"，绘制筋板连接线，如图 10.17 所示。绘制草图完成后，单击"完成草图"按钮。

(4) 在"壁"选项栏中选择"平行于剖切面"，在"尺寸"文本框中输入"2"，单击"确定"按钮完成筋板特征建立，如图 10.18 所示。

8. 创建拔模特征

(1) 单击工具栏中的"拔模"按钮 ，选择 Z 轴负方向作为拔模参考方向。

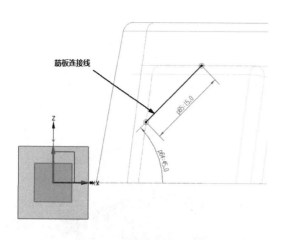

图 10.17   绘制筋板连接线   图 10.18   筋板特征建立

(2)   "拔模方法"选择"固定面"选项,使其激活,在绘图区选取如图 10.19 所示的底面作为拔模固定面。

(3)   在"要拔模的面"选择筋板两侧面作为拔模面,在"拔模角度"文本框中输入"1",单击"确定"按钮完成拔模特征创建,如图 10.20 所示。

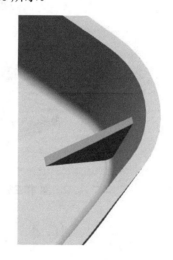

图 10.19   选取拔模固定面   图 10.20   创建的拔模特征

9. 创建阵列特征

(1)   选择"菜单"|"插入"|"关联复制"|"阵列特征"命令,系统弹出阵列设计面板,如图 10.21 所示。

(2)   选择上一步创建的三角形筋板和拔模,布局选择圆形,旋转轴指定为-ZC 轴,指定点(50,50,0)为中心,如图 10.22 所示。

(3)   在设计面板中设置阵列数为"4",节距角为"90"。单击"确定"按钮完成阵列特征创建,如图 10.23 所示。

图 10.21　设置阵列参数　　　　图 10.22　设置矢量和指定点

图 10.23　创建的阵列特征

10.4　知　识　学　习

筋板特征是机械设计中为增加产品刚性而添加的一种辅助性实体特征。筋的创建都需要确定筋的空间位置、截面形态和筋的壁厚。系统提供了垂直于剖切平面和平行于剖切平面两种创建方法。

筋板是以筋的俯视图形状作为草绘截面形状进行创建的，草绘截面可以由多个开放的、相交的曲线组成。

选择"菜单"|"插入"|"设计特征"|"筋板"命令，系统打开如图 10.24 所示的属性面板。

筋板是一种非常灵活的筋创建工具，只需要确定出筋的截面形状和位置，就会自动创建与相邻特征相闭合的筋

图 10.24　"筋板"特征属性面板

特征。筋的高度、形状由绘制草绘图形和相邻特征共同决定，筋的宽度由参数设置确定，并且是关于草绘曲线对称分布。如图 10.25 所示是以垂直于剖切平面的方式创建的筋板特征。

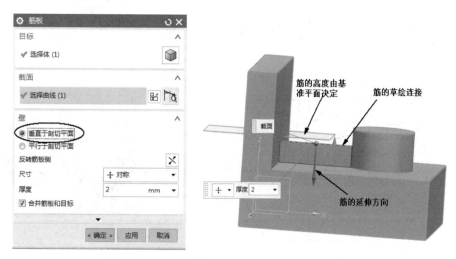

图 10.25 用垂直于剖切平面的方式创建筋板特征

此处也可以用平行于剖切平面的方法来创建筋板特征，操作与垂直于剖切平面相似，不同之处在于基准平面要选择与草绘筋的连接线是平行的关系，如果筋的延伸方向不正确可以单击"反向"按钮来调整筋的延伸方向，如图 10.26 所示。

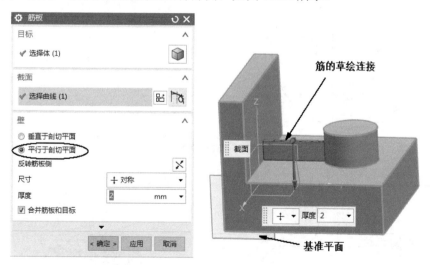

图 10.26 用平行于剖切平面创建筋板特征

10.5 拓 展 练 习

练习创建工程特征零件 1，如图 10.27 所示。

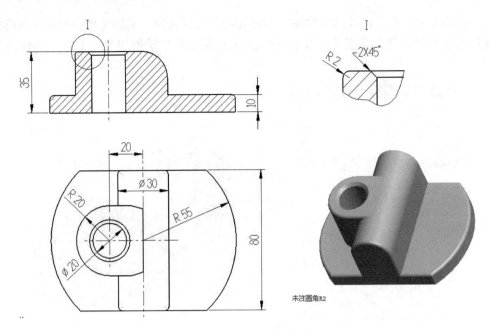

图 10.27　工程特征零件 1

练习创建盒盖产品，如图 10.28 所示。

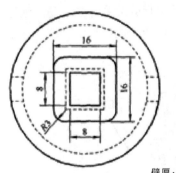

壁厚：3mm

脱模斜度：内0.5°，外1°

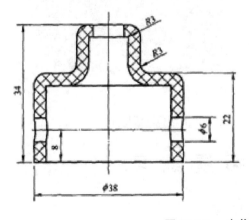

图 10.28　盒盖产品

练习创建骨轮产品，如图 10.29 所示。

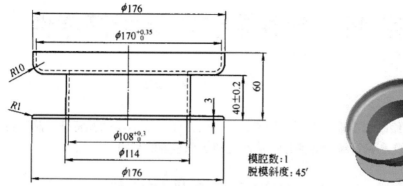

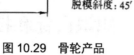

模腔数：1
脱模斜度：45′

图 10.29   骨轮产品

项目 11　创建罩和电话听筒零件

11.1　项 目 描 述

本项目通过绘制罩零件和电话听筒零件，综合运用前面所学的孔特征、阵列特征、镜像特征、特征操作和特征编辑等操作，从而达到熟练掌握的目的。

11.2　知识目标和技能目标

知识目标

1. 进一步熟悉实体建模的操作步骤和技巧。
2. 熟练掌握孔命令及其操作技巧。
3. 熟练掌握阵列特征命令及其操作技巧。
4. 熟练掌握镜像命令及其操作技巧。
5. 熟练掌握特征操作和特征编辑。

技能目标

具备较复杂三维立体图形的绘制能力。

11.3　实 施 过 程

11.3.1　罩零件的创建过程

绘制如图 11.1 所示的罩零件。

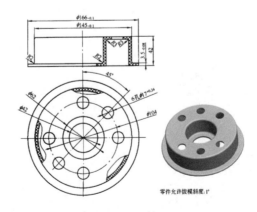

图 11.1　罩零件

1. 启动 NX 10.0 软件

在 Windows 系统中选择"开始"|"所有程序"| Siemens NX 10.0 | NX 10.0 命令，启动 NX 10.0 软件，或直接用鼠标双击桌面上的 NX 10.0 系统快捷图标。

2. 新建文件

在菜单栏中选择"文件"|"新建"命令，或单击"新建"按钮 🗋，系统弹出"新建"对话框，在"名称"栏中选取"模型"，在"名称"文本框中输入"罩.prt"，再单击"确定"按钮，进入 UG 建模主界面。

3. 创建罩零件

1)　创建旋转特征

(1)　单击工具栏中的"草图"按钮 🔠，选取 ZC-YC 面作为基准平面绘制草图，其余接受系统默认设置，然后单击"确定"按钮，进入二维草绘模式。

(2)　在绘图区绘制如图 11.2 所示的截面图形。单击草绘工具栏中的"完成草图"按钮，退出草绘模式。

(3)　选择"菜单"|"插入"|"设计特征"|"旋转"命令，系统打开旋转特征操作对话框，旋转曲线选择上一步所画草图，指定旋转矢量为 Z 轴，旋转角度为"360"。单击"确定"按钮完成旋转特征的操作，如图 11.3 所示。

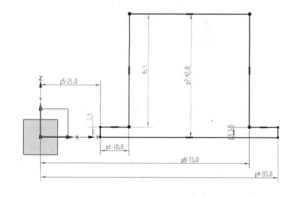

图 11.2　绘制草绘图形

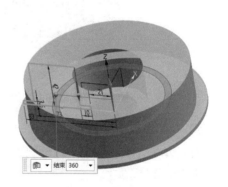

图 11.3　创建旋转特征

2)　创建拔模特征

(1)　单击工具栏中的"拔模"按钮 🎯，指定 Z 轴正向为拔模方向，选择所要拔模的面，如图 11.4 所示。

(2)　在"拔模方法"下拉列表框中选择"固定面"选项，选择底面作为拔模固定面。

(3)　观看拔模角度方向(上端小、下端大，内孔面反之)，确认正确后，在"拔模角度"文本框中输入"1"，单击"确定"按钮完成拔模特征的创建，如图 11.5 所示。

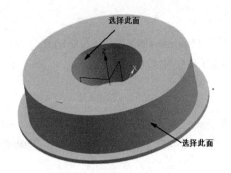

选择此面

选择此面

图 11.4　选取拔模曲面

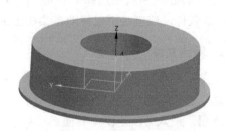

图 11.5　创建拔模特征

3)　创建抽壳特征

(1)　单击工具栏中的"抽壳"按钮 ，在绘图区选取如图 11.6 所示的鼠标箭头所指底面作为移除面。

(2)　在抽壳设计面板"厚度"文本框中输入"3.5"，单击"确定"按钮完成抽壳特征的创建，如图 11.7 所示。

图 11.6　选取曲面移除　　　　　　　　图 11.7　创建抽壳特征

4)　创建边倒圆特征

(1)　单击工具栏中的"边倒圆"按钮 ，选取轮廓侧边线，如图 11.8 所示，输入圆角半径为"2"。

(2)　在绘图区选取如图 11.9 所示的轮廓边线倒圆角，输入圆角半径"3"，单击"确定"按钮，完成边倒圆特征，如图 11.10 所示。

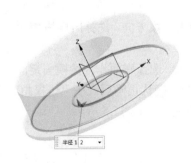

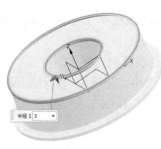

图 11.8　选取边线倒圆角 1　　　图 11.9　选取边线倒圆角 2　　　图 11.10　创建边倒圆特征

5)　创建孔特征

(1)　单击工具栏中的"孔"按钮 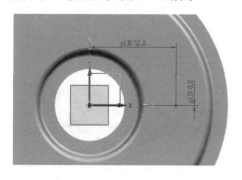，系统进入"孔"特征对话框，选取孔所在平面作为孔的放置平面。

(2)　选定放置平面后，系统自动进入草图模式，确定孔的定位点，如图 11.11 所示，单击"完成草图"按钮，如图 11.12 所示。

图 11.11　选取平面定位孔　　　　图 11.12　孔定位后特征

(3)　孔方向选择"垂直于面"，形状选择"简单孔"，直径输入"17"，深度大于壁厚即可，布尔运算求差。单击"确定"按钮完成孔特征的建立，如图 11.13 所示。

6)　创建阵列特征

(1)　单击工具栏中的"阵列特征"按钮 ，系统弹出阵列设计面板，选择孔特征。

(2)　布局选择"圆形"，指定矢量 Z 轴为旋转轴，如图 11.14 所示。

(3)　在设计面板中设置阵列数量为"3"，旋转角为"45"。单击"确定"按钮，完成阵列特征的创建，如图 11.15 所示。

图 11.14　选取旋转轴　　　　图 11.15　创建阵列特征

7)　创建基准平面

单击工具栏中的"基准平面"按钮 ，系统打开"基准平面"对话框，类型选择为"成一角度"，平面参考对象选择 ZC-YC 平面或者 ZC-XC 平面，线性对象选择 Z 轴，角度设置为"45"或者"135"，单击"确定"按钮。创建完成的基准平面如图 11.16 所示。

8) 创建镜像特征

选择"菜单"|"插入"|"关联特征"|"镜像特征"命令，选取孔特征和阵列特征，镜像平面选择上一步创建的基准平面，单击"确定"按钮，完成镜像特征的创建，结果如图 11.17 所示。

图 11.16 创建的基准平面   图 11.17 创建的镜像特征

11.3.2 电话听筒零件的创建过程

绘制如图 11.18 所示的电话听筒零件。

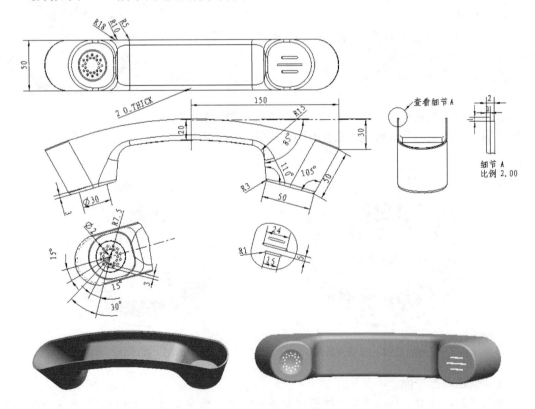

图 11.18 电话听筒零件

1. 启动 NX 10.0 软件

在 Windows 系统中选择"开始"|"所有程序"|Siemens NX 10.0|NX 10.0 命令，启动 NX 10.0 软件，或直接用鼠标双击桌面上的 NX 10.0 系统快捷图标。

2. 新建文件

新建名为"电话听筒"的文件，使用系统提供的默认模板，进入三维建模环境。

3. 创建电话听筒产品

1)　创建拉伸特征

(1)　单击工具栏中的"拉伸"按钮 ，系统弹出"拉伸"对话框，在对话框中单击"绘制截面"按钮，选取 XC-YC 基准平面作为草绘平面，其余选项接受系统默认设置，然后单击"确定"按钮，进入二维草绘模式。

(2)　在绘图区绘制如图 11.19 所示的截面图形。单击草绘工具栏中的"完成草图"按钮，退出草绘模式。

(3)　接受设计属性面板上的默认选项，设置拉伸方式，深度为"50"，完成拉伸特征操作，如图 11.20 所示。

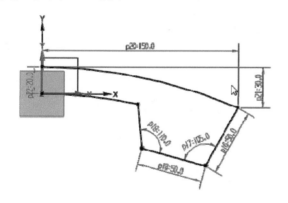

图 11.19　绘制草绘图形

图 11.20　创建拉伸特征

2)　创建边倒圆特征

(1)　单击工具栏中的"边倒圆"按钮 ，在绘图区选取如图 11.21 所示的两条边线。

(2)　设置半径值为"25"，单击"确定"按钮，完成边倒圆特征的创建，如图 11.22 所示。

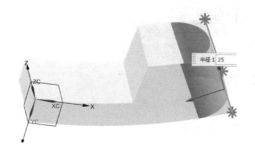

图 11.21　选取两条边线

图 11.22　创建边倒圆特征

（3） 单击工具栏中的"边倒圆"按钮 🍮，在绘图区选取如图 11.23 所示的边线。设置边倒圆半径为"15"，单击"确定"按钮，完成边倒圆特征的创建，如图 11.24 所示。

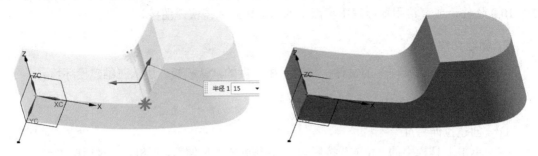

图 11.23　选取边倒圆边线　　　　　　图 11.24　创建边倒圆特征

3）　创建基准坐标系

（1） 单击工具栏中的"基准坐标系"按钮 🖎，在"类型"下拉列表框中选择"X 轴，Y 轴，原点"方式，如图 11.25 所示。

（2）　如图 11.26 所示，选择圆心作为原点，选择两条直线分别作为 X 轴、Y 轴，单击"确定"按钮后效果如图 11.27 所示。

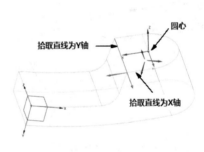

图 11.25　选择"X 轴，Y 轴，原点"方式　　　　图 11.26　创建基准坐标系

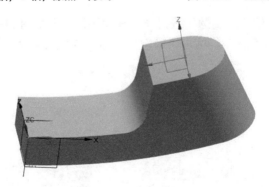

图 11.27　基准坐标系创建完成

4)   创建镜像特征

(1)   选择"菜单"|"插入"|"关联复制"|"镜像特征"命令，弹出"镜像特征"对话框。

(2)   选择需要镜像的特征，然后选取 ZC-YC 平面作为镜像面，完成后单击"镜像特征"对话框中的"确定"按钮，完成镜像特征操作，结果如图 11.28 所示。

(3)   对原特征、镜像特征进行合并求和。

图 11.28　创建的镜像特征

5)   创建可变半径边倒圆

(1)   单击工具栏中的"边倒圆"按钮 ，在绘图区选取如图 11.29 所示的边线。

(2)   在圆角半径栏中直接设置为"5"。

(3)   在"边倒圆"对话框中单击"可变半径"按钮，然后单击"指定新的位置"按钮，将电话听筒两端的半径分别修改为"18"和"10"，其他数值不变，如图 11.30 所示。

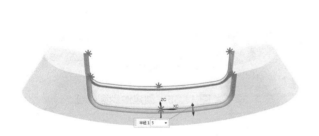

图 11.29　选取边线倒圆角

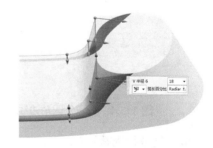

图 11.30　添加边倒圆半径

(4)   单击"确定"按钮，完成边倒圆角特征，结果如图 11.31 所示。

图 11.31　两边都创建边倒圆特征

6)   创建旋转特征

(1)   选择"菜单"|"插入"|"设计特征"|"旋转"命令，弹出"旋转特征"对话框。

单击"绘制截面"按钮，选择基准坐标系 ZC-XC 平面作为草绘平面，进入二维草绘模式。

(2) 在绘图区绘制如图 11.32 所示的几何中心线和圆弧。单击草绘工具栏中的"完成草图"按钮，退出草绘模式。

(3) 接受旋转特征对话框中默认设置选项，设置指定矢量轴为 Z 轴，旋转角度为"360"，布尔运算为求差，单击"确定"按钮，完成旋转特征操作，如图 11.33 所示。

图 11.32　草绘旋转截面

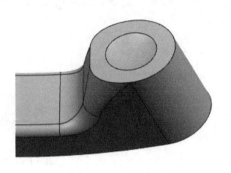

图 11.33　创建旋转特征

7) 创建边倒圆特征

单击工具栏中的"边倒圆"按钮 🔲，在绘图区选取如图 11.34 所示的边线。设置倒圆角半径为"3"，单击"确定"按钮，完成边倒圆特征，如图 11.35 所示。

图 11.34　选取倒圆角边线

图 11.35　创建边倒圆特征

8) 创建抽壳特征

(1) 单击工具栏中的"抽壳"按钮 🔲，在绘图区选取顶面作为移除面。

(2) 在抽壳设计面板"厚度"文本框中输入"2"，单击"确定"按钮完成抽壳特征，特征效果如图 11.36 所示。

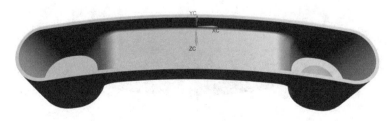

图 11.36　创建抽壳特征

9) 创建拉伸特征

(1) 创建基准坐标系。参照前述创建基准坐标系的过程，在另一端听筒平面上创建一个基准坐标系，如图 11.37 所示。

（2）单击工具栏中的"拉伸"按钮 ⬛，在"拉伸"对话框中单击"绘制截面"按钮，选取刚创建的基准坐标系 XC-YC 平面作为草绘平面，其余接受系统默认设置，然后单击"确定"按钮，进入二维草绘模式。

（3）在绘图区绘制如图 11.38 所示的截面图形。单击草绘工具栏中的"完成草图"按钮，退出草绘模式。

（4）设置距离为"-10"，布尔运算求差，单击"确定"按钮完成拉伸特征操作。

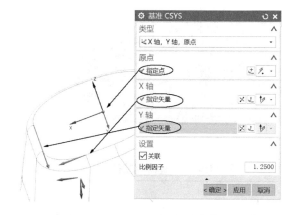

图 11.37　创建基准坐标系　　　　图 11.38　绘制草绘图形

10）创建孔特征

（1）单击工具栏中的"孔"按钮 ⬛，在"孔"对话框中单击"绘制截面"按钮，然后选取基准坐标系 XC-YC 平面作为孔的放置平面，单击"确定"按钮，进入二维草图环境。

（2）选择两个点，位置关系如图 11.39 所示。绘制完成后再单击"完成草图"按钮，进入三维建模环境。

（3）在"孔"特征对话框中的参数列表中输入孔的直径"2"，将深度设置为"4"，布尔运算求差，单击"确定"按钮，完成孔特征的创建，结果如图 11.40 所示。

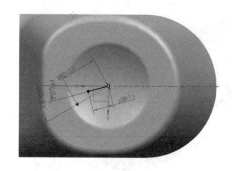
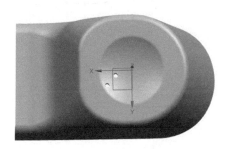

图 11.39　选取平面放置孔　　　　图 11.40　创建孔特征

11）创建阵列特征

（1）单击"阵列"按钮 ⬛，系统弹出"阵列特征"对话框，选取孔特征，选择阵列布局为"圆形"，如图 11.41 所示。

(2) 设置指定矢量为基准坐标系的 Z 轴，数量为"12"，节距角为"30"，单击"确定"按钮，完成阵列特征的创建，结果如图 11.42 所示。

图 11.41　"阵列特征"对话框　　　　图 11.42　创建阵列特征

12) 创建偏置曲面特征

(1) 选择"菜单"|"插入"|"偏置/缩放"|"偏置曲面"命令，系统弹出"偏置曲面"对话框，如图 11.43 所示。

(2) 选取如图 11.44 所示的曲面，偏置设置为"1"，注意观察方向，若方向不对，单击"反向"按钮调整偏置方向。

(3) 单击"添加新集"按钮，选取抽壳面为偏置曲面，如图 11.45 所示。偏置设置为"1"，注意观察方向，若方向不对，单击"反向"按钮调整偏置方向。

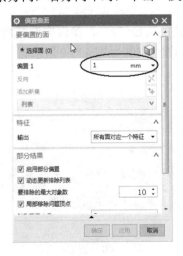

图 11.43　"偏置曲面"对话框　　　　图 11.44　选取偏置曲面 1

(4) 单击"确定"按钮，完成偏置曲面特征，结果如图 11.46 所示。

范例完成，结果如图 11.47 所示。

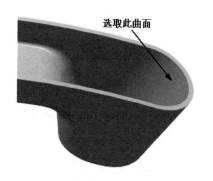

图 11.45　选取偏置曲面 2

图 11.46　完成偏置曲面特征

图 11.47　　电话听筒示意图

11.4　拓 展 练 习

练习创建连接座产品，如图 11.48 所示。

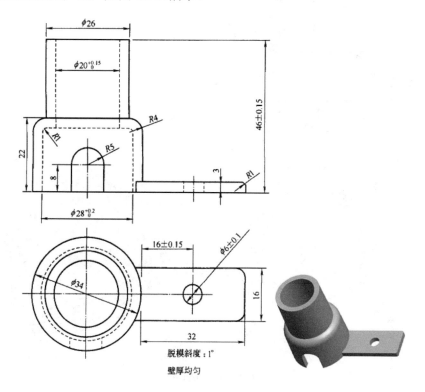

脱模斜度：1°

壁厚均匀

图 11.48　连接座产品

练习创建水杯零件，如图 11.49 所示。

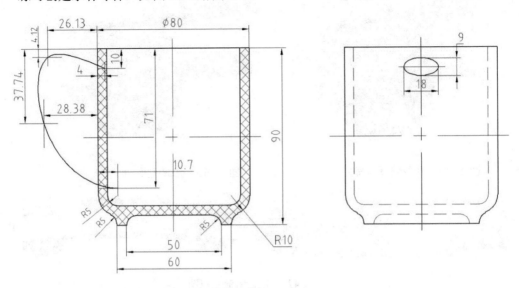

图 11.49　水杯零件

练习创建特征零件 1，如图 11.50 所示。

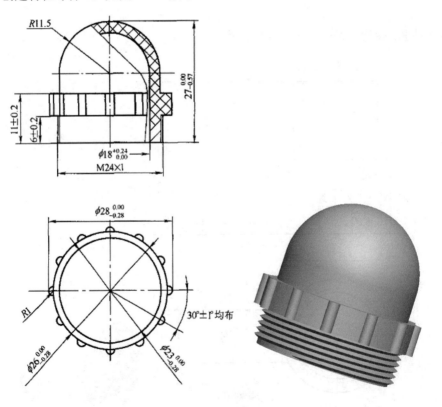

图 11.50　特征零件

练习创建电流线圈架产品，如图 11.51 所示。

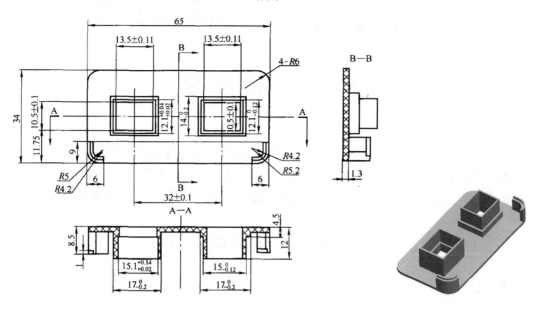

图 11.51　电流线圈架产品

项目 12　创建滚动轴承装配

12.1　项 目 描 述

装配设计可以表达机器或部件的工作原理及零件、部件间的装配关系，在 NX 10.0 装配模块中可以模拟真实的装配操作并创建装配模型。NX 10.0 装配模块不仅能将零部件快速组合成产品，而且在装配过程中可以参考其他部件进行部件关联设计，并可以对装配模型进行间隙分析、重量管理等。本项目通过学习滚动轴承的装配过程来了解装配设计。

12.2　知识目标和技能目标

知识目标

1. 了解装配的基本术语。
2. 了解装配的设计方法。
3. 掌握组件的装配操作。

技能目标

具备简单组件的装配能力。

12.3　实 施 过 程

绘制如图 12.1 所示的滚动轴承产品零件，并对其进行装配。

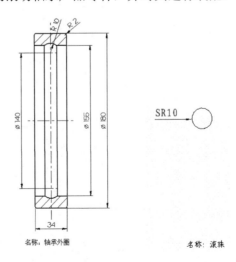

图 12.1　滚动轴承

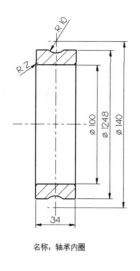

名称：轴承内圈

图 12.1　滚动轴承(续)

1. 启动 NX 10.0 软件

在 Windows 系统中选择"开始"|"所有程序"|Siemens NX 10.0|NX 10.0 命令，启动 NX 10.0 软件，或直接用鼠标双击桌面上的 NX 10.0 软件快捷图标。

2. 新建文件

在启动界面选择"文件"|"新建"命令，或者单击"新建"按钮，弹出"新建"对话框，设置如图 12.2 所示的参数，单击"确定"按钮进入装配环境。

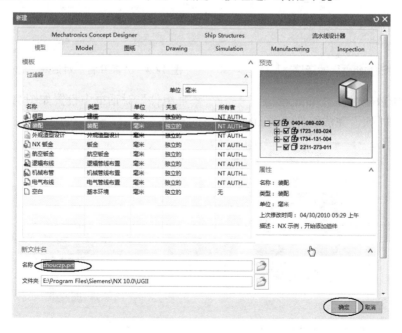

图 12.2　"新建"对话框

3. 装配组件

1） 装配轴承内圈

（1） 添加组件"zhoucnq.prt"。选择"装配"|"组件"|"添加组件"命令，或者在"装配"选项卡中单击"添加组件"按钮 ，弹出"添加组件"对话框，如图 12.3 所示。在"添加组件"对话框中单击"打开"按钮 ，在系统弹出的"部件名"对话框中选择画好的组件，如图 12.4 所示，单击"确定"按钮，系统弹出如图 12.5 所示的"组件预览"窗口。

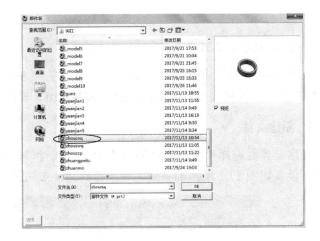

图 12.3　"添加组件"对话框　　　　　　　图 12.4　"部件名"对话框

（2） 定位放置组件"zhoucnq.prt"。在"添加组件"对话框中设置如图 12.6 所示参数，单击"确定"按钮，完成组件"zhoucnq.prt"的添加。

图 12.5　"组件预览"窗口　　　　　　　图 12.6　参数设置

2)　装配轴承滚珠

(1)　添加组件"gunz.prt"。选择"装配"|"组件"|"添加组件"命令，或者在"装配"选项卡中单击"添加组件"按钮 ，弹出"添加组件"对话框。

(2)　在"添加组件"对话框中单击"打开"按钮 ，在弹出的"部件名"对话框中选择组件"gunz.prt"，单击 OK 按钮。

(3)　在"添加组件"对话框的"定位"下拉列表框中选择"通过约束"选项，在"多重添加"下拉列表框中选择"添加后创建阵列"选项，如图 12.7 所示，单击"确定"按钮。

(4)　在弹出的"装配约束"对话框中设置如图 12.8 所示的参数，然后在绘图区选择"面1"和"面 2"相接触，如图 12.9 所示。

图 12.7　参数设置

图 12.8　"装配约束"对话框

(5)　选择完两个面之后，会出现预览效果图，若接触位置不正确，单击"反向"按钮即可，装配一个滚珠的效果如图 12.10 所示。

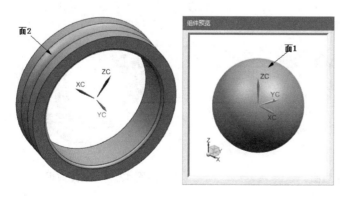

图 12.9　约束示意图

图 12.10　装配一个滚珠的效果

（6）确定图形正确后，单击"确定"按钮，系统弹出"阵列组件"对话框，如图 12.11 所示。布局选择"圆形"，指定矢量选择 Y 轴方向，指定点(0,0,0)为旋转中心，数量为"10"，节距角为"36"。单击"确定"按钮，装配效果如图 12.12 所示。

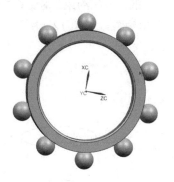

图 12.11　"阵列组件"对话框　　　　图 12.12　装配轴承滚珠效果

3）　装配轴承外圈

（1）在"添加组件"对话框中单击"打开"按钮 ，在弹出的"部件名"对话框中选择组件"zhoucwq.prt"，单击 OK 按钮。

（2）在"添加组件"对话框的"定位"下拉列表框中选择"通过约束"选项，在"多重添加"下拉列表框中选择"无"选项，单击"确定"按钮。

（3）在"装配约束"对话框的"类型"下拉列表框中选择"接触对齐"选项，在"方位"下拉列表框中选择"接触"选项，然后在绘图区中选择"面 1"和"面 2"相接触，如图 12.13 所示；再在"装配约束"对话框的"类型"下拉列表框中选择"同心"选项，选择轴承装配内圈的圆心和轴承装配外圈的圆心，如图 12.13 所示。单击"确定"按钮，装配效果如图 12.14 所示。

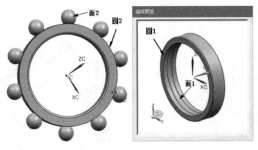

图 12.13　约束示意图　　　　　　　　图 12.14　装配效果

（4）单击"保存"按钮，保存装配文件。

12.4　知　识　学　习

1．装配的基本术语

装配设计中包含许多与建模模块不同的术语和基本概念，下面介绍装配设计中的基本概念、基本术语及装配导航器等。

- 装配：在装配过程中建立部件之间的连接功能。由装配部件和子装配组成。
- 装配部件：是指由零件和子装配构成的部件。在 NX 中，任何一个 prt 文件都可以作为装配部件添加到装配中，因此任何一个 prt 文件都可以作为装配部件。
- 子装配：子装配也是一个装配，在高一级装配中被用作组件的装配，它也拥有自己的组件。子装配是一个相对的概念，任何一个装配部件都可在更高级装配中用作子装配。
- 组件：是装配中由组件对象所指的部件文件。其可以是单个部件(即零件)，也可以是一个子装配。组件是由装配部件引用的，而不是复制到装配部件中的。
- 单个零件：是指在装配外存在的零件几何模型。它可以添加到一个装配中去，但本身不含有下级组件。
- 混合装配：是指将自顶向下装配和自底向上装配结合在一起的装配方法。可先创建几个主要部件模型，再将其装配在一起，然后在装配中设计其他部件，即为混合装配。
- 主模型：是指供 NX 模块共同引用的部件模型。一个主模型可同时被工程图、装配、加工、机构分析和有限元分析等模块引用。当主模型修改时，相关应用自动更新。
- 显示组件：当前显示在图形窗口中的组件。
- 工作组件：正在其中创建和编辑几何模型的组件。工作组件可以是已显示的部件，或者包含在已显示的装配部件中的组件文件。
- 载入的部件：当前打开并载入的任何部件。

2．引用集

在装配中，由于各组件含有草图、基准平面及其他辅助图形数据，可以通过引用集控制从每个组件加载的以及在装配关联中查看的数据量，避免混淆图形和占用大量内存。

1)　引用集的概念

引用集可以在零部件中提取定义的部件几何对象，通过定义的引用集可以将相应的零部件装入装配件中。

引用集可包含零部件名称、原点、方向、几何体、坐标系、基准轴、基准平面、图样对象、属性及部件的直系组件等。引用集一旦产生，就可以单独装配到部件中。一个零部件可以有多个引用集。

2)　默认引用集

每个零部件都有整个部件引用集和空引用集两个默认的引用集。

- 整个部件引用集：该默认引用集表示整个部件，即引用部件的模型、构造几何体、参考几何体和其他适当对象的全部几何数据。在添加部件到装配中时，如果不选择其他引用集，默认使用该引用集。

- 空引用集：该引用集不包含对象。当部件以空的引用集形式添加到装配中时，在装配中看不到该部件。

3) 打开引用集对话框

选择"菜单"|"格式"|"引用集"命令，打开"引用集"对话框，如图 12.15 所示。

应用该对话框中的选项，可进行引用集的建立、删除、更名、查看、指定引用集属性及修改引用集的内容等操作。

3. 装配导航器

"装配导航器"是在一个单独的窗口中以图形的方式显示部件的装配结构，并提供一个方便快捷的可操纵组件的方法，因此也被称为"树形表"。

图 12.15　【引用集】对话框

在 NX 10.0 装配环境中，单击左侧的"装配导航器"按钮，打开"装配导航器"面板，如图 12.16 所示。在"装配导航器"面板上的右键操作可分为两种：一种是在相应的组件上右击；另一种是在空白区域上右击。下面对这两种菜单分别进行介绍。

1) 组件右键快捷菜单

在"装配导航器"面板中的任意一个组件上右击，即可打开如图 12.17 所示的快捷菜单，其中列出了许多常用的快捷命令，可对装配导航树的结点进行编辑，并能够执行折叠或展开组件结点，以及将当前组件转换为工作组件等操作。

2) 空白区域右键快捷菜单

在"装配导航器"面板的任意空白区域右击，将弹出一个快捷菜单，如图 12.18 所示。该快捷菜单中的命令与"装配导航器"面板中的按钮是一一对应的。在该快捷菜单中选择指定选项，即可执行相应的操作。

4. 装配方法

1) 自底向上装配设计

自底向上装配设计是比较常用的装配方法，即先逐一设计好装配中所需的部件几何模型，再组合成子装配，自底向上逐级进行装配，最后生成装配部件。下面对自底向上装配设计方法进行说明。

(1) 选择"菜单"|"装配"|"组件"|"添加组件"命令，打开"添加组件"对话框。

(2) 加载部件。单击"打开"按钮，选择需要加载的部件。

(3) 设置放置位置。在"添加组件"对话框中的"定位"下拉列表框中，可选择"绝对原点""选择原点""通过约束"或"移动"来定位组件，如图 12.19 所示。

(4) 设置部件的"引用集"和"图层"参数。在图 12.20 所示的"引用集"下拉列表框中选择"模型""整个部件"或"空"，并在图 12.21 所示的"图层选项"下拉列表框中设置"图层"参数。

(5) 设置相应的配对类型。完成上述参数设置后，在"添加组件"对话框中单击"确定"按钮，系统会弹出"装配约束"对话框，如图 12.22 所示。在其中设置相应的配对类型，设置完毕后单击"确定"按钮即可完成部件的添加及配对。

图 12.16　"装配导航器"面板　　　图 12.17　组件右键快捷菜单　　　图 12.18　空白区域右键快捷菜单

图 12.19　"定位"下拉列表框

图 12.20　"引用集"下拉列表框

图 12.21　"图层选项"下拉列表框

图 12.22　"装配约束"对话框

2) 自顶向下装配设计

自顶向下装配设计是指在装配级中创建与其他部件相关的部件模型，即在装配过程中参照其他部件对当前工作部件进行设计，即在装配部件的顶级向下产生子装配和部件(即零件)的装配方法。

自顶向下装配方法有两种：一种是先建立一个空的新组件，它不含任何几何对象，然后使其成为工作部件，再在其中建立几何模型；另一种是先在装配中建立一个几何模型，然后创建一个新组件，同时将该几何模型链接到新建组件中。

下面分别对这两种设计方法进行介绍。

第一种方法是先建立装配关系，但不建立任何几何模型，然后使其中的组件成为工作部件，并在其中创建几何模型，即在上下文中进行设计，边设计边装配。需要注意的是，在进行此项工作前，应将 NXII 目录下的默认文件 NX_metric.def 中的参数 Assemblies Allow interpart 设置为 Yes，否则将不能进行后续步骤的工作。具体操作如下。

(1) 创建一个新的装配文件。

(2) 选择"菜单"|"装配"|"组件"|"添加组件"命令，或者在"装配"选项卡中单击"新建组件"按钮，弹出"新建"对话框，在对话框中输入组件名称，如图 12.23 所示。

图 12.23　"新建"对话框

(3) 单击"确定"后，系统弹出的"新建组件"对话框，如图 12.24 所示，在其中输入组件名，然后根据需要进行相关设置，最后单击"确定"按钮，即可将新组件装到装配件中。

(4) 对"zhoucnq"进行编辑，然后再将"zhoucnq"改为工作部件(如图 12.25 所示)，进行上下文设计。

第二种方法是在装配件中建立几何模型，然后再建立组件，即建立装配关系，并将几何模型添加到组件中，具体操作步骤如下。

(1) 打开一个装配文件，可以包含几何体，或者在装配件中创建一个几何体。

（2）在"装配"选项卡中单击"新建组件"按钮，打开"新建组件"对话框。

（3）在"新建组件"对话框中输入组件名，然后根据需要进行相关设置，同时选中"删除原对象"复选框，单击"确定"按钮将新组件装到装配体中。

（4）重复上述操作，直到完成自顶向下装配设计为止。

图 12.24　"新建组件"对话框

图 12.25　改为工作部件快捷菜单

12.5　拓 展 练 习

试采用自底向上的装配设计方法在零件模块中创建如图 12.26 所示的每个元件，然后在组件模块中将它们装配起来，装配后的零件如图 12.27 所示。

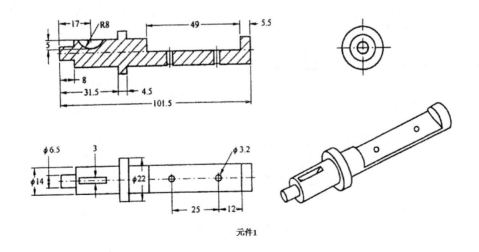

元件1

图 12.26　零件

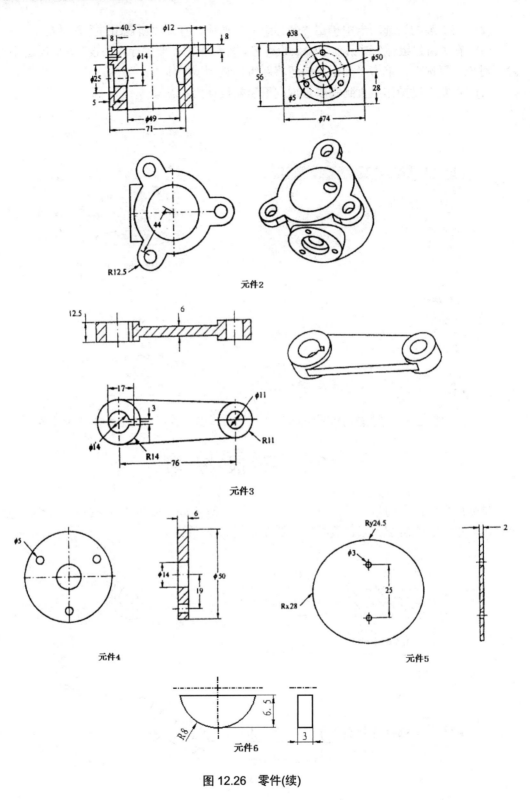

元件2

元件3

元件4

元件5

元件6

图 12.26 零件(续)

装配体

图 12.27　装配图

项目 13　创建组装体装配

13.1　项 目 描 述

装配是集成的 NX 应用模块，NX 装配过程是在装配中建立部件之间的链接关系，通过装配条件在部件间建立约束关系来确定部件在产品中的位置。本项目将通过创建组装体装配，进一步学习装配操作知识。

13.2　知识目标和技能目标

知识目标

1. 熟练掌握部件装配的配对条件的应用。
2. 掌握组件的编辑，如镜像装配、阵列组件、替换组件等操作。
3. 熟练掌握组件的装配操作。

技能目标

具备熟练的装配设计能力。

13.3　实 施 过 程

绘制如图 13.1 所示的组装体零件，并对其进行装配，组装体如图 13.2 所示。

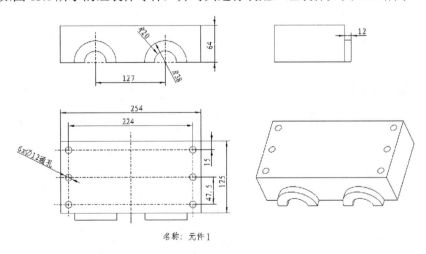

名称: 元件 1

图 13.1　组装体零件

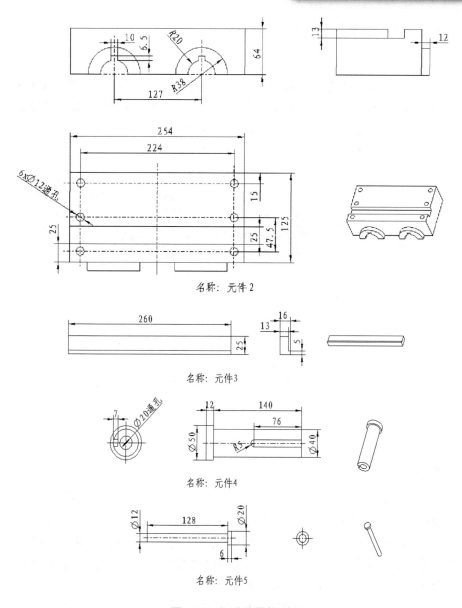

名称：元件 2

名称：元件3

名称：元件4

名称：元件5

图 13.1　组装体零件(续)

图 13.2　组装体

1. 启动 NX 10.0 软件

在 Windows 系统中选择"开始"|"所有程序"| Siemens NX 10.0 | NX 10.0 命令，启动

NX 10.0 软件，或直接用鼠标双击桌面上的 NX 10.0 系统快捷图标。

2. 新建文件

选择"文件"|"新建"命令，或者单击"新建"按钮，弹出"新建"对话框，设置文件名为"zuzhuangtizp.prt"，如图 13.3 所示，单击"确定"按钮进入装配环境。

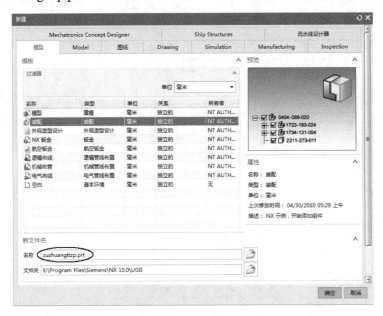

图 13.3 "新建"对话框

3. 装配组件

1) 装配 yuanjian1

(1) 添加组件"yuanjian1.prt"。选择"装配"|"组件"|"添加组件"命令，或者在"装配"选项卡中单击"添加组件"按钮，弹出"添加组件"对话框，如图 13.4 所示。在"添加组件"对话框中单击"打开"按钮，系统弹出"部件名"对话框，选择已画好的组件，如图 13.5 所示，单击 OK 按钮，系统弹出如图 13.6 所示的"组件预览"窗口。

(2) 定位放置组件"yuanjian1.prt"。在"添加组件"对话框中设置如图 13.7 所示参数，单击"确定"按钮，完成组件"yuanjian1.prt"的添加。

2) 装配 yuanjian2

(1) 添加组件"yuanjian2.prt"。选择"装配"|"组件"|"添加组件"命令，或者在"装配"选项卡中单击"添加组件"按钮，弹出"添加组件"对话框。

(2) 在"添加组件"对话框中单击"打开"按钮，在弹出的"部件名"对话框中选择组件"yuanjian2.prt"，单击 OK 按钮。

(3) 在"添加组件"对话框的"定位"下拉列表框中选择"通过约束"选项，如图 13.8 所示，单击"确定"按钮。

(4) 在弹出的"装配约束"对话框中设置如图 13.9 所示的参数，然后在绘图区中选择"面 1"和"面 2"相接触，如图 13.10 所示。

（5）选择完两个面之后，单击"确定"按钮，结果如图 13.11 所示。显然不是正确的装配位置，在此还需添加装配约束，使其装配在正确的位置上。在装配导航器中选中"yuanjian2"部件，单击鼠标右键，在弹出的快捷菜单中单击"装配约束"按钮，如图 13.12 所示。

图 13.4 "添加组件"对话框

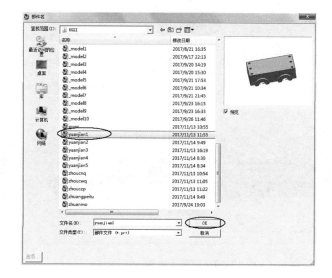

图 13.5 "部件名"对话框

图 13.6 "组件预览"窗口

图 13.7 参数设置

图 13.8　参数设置　　　　　　　　　　图 13.9　"装配约束"对话框

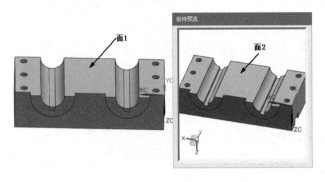

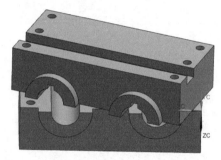

图 13.10　约束示意图　　　　　　　图 13.11　装配 yuanjian2 的效果

（6）系统弹出"装配约束"对话框，设置类型为"接触对齐"，方位设置为"自动判断中心/轴"，如图 13.13 所示。然后在绘图区中选择"轴线 1"和"轴线 2"中心轴对齐，如图 13.14 所示。

图 13.12　装配导航器快捷菜单　　　　图 13.13　参数设置

（7）　单击"应用"按钮后，装配效果如图 13.15 所示。显然还不是正确的装配位置，再次添加"装配约束"，步骤同上一步相似，类型选择"接触对齐"，方位选择"对齐"，然后在绘图区选择"面 3"和"面 4"相对齐，单击"确定"按钮，装配效果如图 13.16 所示。

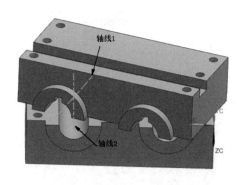

图 13.14　约束示意图

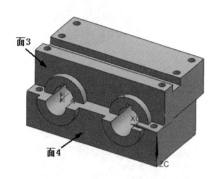

图 13.15　装配效果 1

图 13.16　装配效果 2

3）　装配 yuanjian3

（1）　在"添加组件"对话框中单击"打开"按钮 ，在弹出的"部件名"对话框中选择组件"yuanjian3.prt"，单击 OK 按钮。

（2）　在"添加组件"对话框的"定位"下拉列表框中选择"通过约束"选项，单击"确定"按钮。

（3）　在"装配约束"对话框的"类型"下拉列表框中选择"接触对齐"选项，在"方位"下拉列表框中选择"接触"选项，然后在绘图区选择"面 5"和"面 6"相接触，选择"面 7"和"面 8"相接触，如图 13.17 所示。单击"确定"按钮后观察装配图，若不是所需方位，可单击"反向"按钮调整，装配完成后的效果如图 13.18 所示。

（4）　此时装配位置还是不正确，应再次添加"装配约束"，步骤同装配"yuanjian2"时相似，在"装配约束"对话框中"类型"下拉列表框中选择"距离"选项，然后在绘图区选择"面 9"和"面 10"，在"距离"文本框输入"-3"。装配效果如图 13.19 所示。

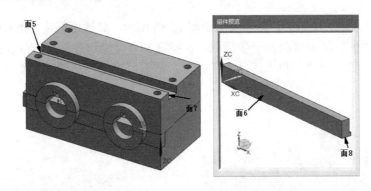

图 13.17　约束示意图

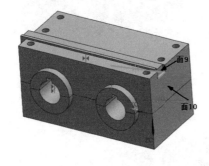

图 13.18　装配效果 3

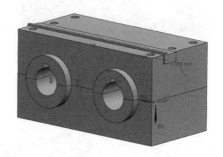

图 13.19　装配效果 4

4)　装配 yuanjian4

(1)　在"添加组件"对话框中单击"打开"按钮 ，在弹出的"部件名"对话框中选择组件"yuanjian4.prt"，单击 OK 按钮。

(2)　在"添加组件"对话框的"定位"下拉列表框中选择"通过约束"选项，单击"确定"按钮。

(3)　在"装配约束"对话框的"类型"下拉列表框中选择"接触对齐"选项，在"方位"下拉列表框中选择"接触"选项，然后在绘图区选择"面 11"和"面 12"相接触，单击"确定"按钮，若不是理想位置，单击"反向"按钮调整。再在"装配约束"对话框的"类型"下拉列表框中选择"自动判断中心/轴"选项，选择"轴线 3"和"轴线 4"中心轴对齐，如图 13.20 所示。装配效果如图 13.21 所示。

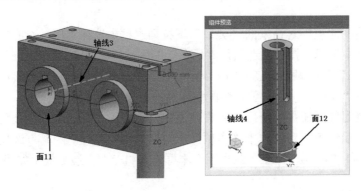

图 13.20　约束示意图

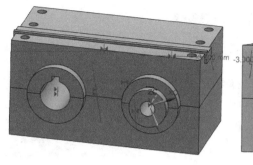
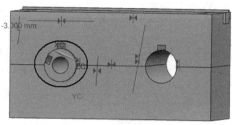

图 13.21　装配效果 5

（4）　在图 13.21 中，发现"yuanjian4"装配角度不正确，需添加"装配约束"，在"装配约束"对话框中的"类型"下拉列表框中选择"平行"选项，然后在绘图区选择"边线 1"和"边线 2"相平行，如图 13.22 所示。若位置不正确，单击"反向"按钮调整后，单击"确定"按钮。装配效果如图 13.23 所示。

（5）　另一边的"yuanjian4"组件按同样的方法进行装配。

5）　装配 yuanjian5

（1）　在"添加组件"对话框中单击"打开"按钮 ，在弹出的"部件名"对话框中选择组件"yuanjian5.prt"，单击 OK 按钮。

（2）　在"添加组件"对话框的"定位"下拉列表框中选择"通过约束"选项，在"多重添加"下拉列表中选择"添加后创建阵列"选项，单击"确定"按钮。

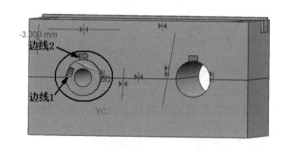
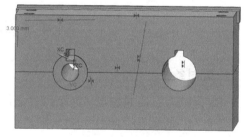

图 13.22　约束示意图　　　　　　　　图 13.23　装配效果 6

（3）　在"装配约束"对话框的"类型"下拉列表框中选择"接触对齐"选项，在"方位"下拉列表框中选择"接触"选项，然后在绘图区选择"面 13"和"面 14"相接触，单击"应用"按钮。再在"装配约束"对话框的"类型"下拉列表框中选择"接触对齐"选项，在"方位"下拉列表框中选择"自动判断中心/轴"选项，然后在绘图区选择"轴线 5"和"轴线 6"中心轴对齐，约束示意图如图 13.24 所示。装配效果如图 13.25 所示。

（4）　在"装配约束"对话框中单击"确定"按钮后，系统弹出"阵列组件"对话框，设置如图 13.26 所示参数，单击"确定"按钮。完成组装体装配，装配效果如图 13.27 所示。

（5）　单击"保存"按钮，保存装配文件。

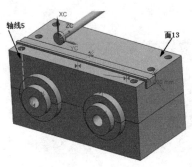
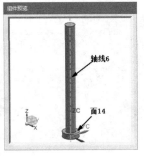
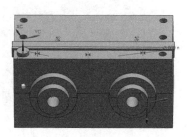

图 13.24　约束示意图　　　　　　　　　　图 13.25　装配效果 7

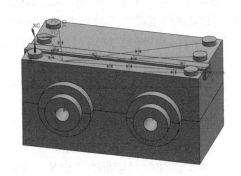

图 13.26　"阵列组件"对话框　　　　　图 13.27　装配效果 8

13.4　知　识　学　习

1. 配对条件

　　"装配约束"是通过定义两个组件之间的约束条件来确定组件在装配体中的位置。选择"菜单"|"装配"|"组件"|"装配约束"命令，或者在"装配"选项卡中单击"装配约束"按钮，弹出如图 13.28 所示的"装配约束"对话框。

图 13.28　"装配约束"对话框

该对话框的"类型"下拉列表框中包括 11 种约束类型，分别为接触对齐、角度、中心、胶合、等尺寸配对、对齐/锁定、同心、距离、固定、平行和垂直，下面介绍常用的几种类型。

1) "接触对齐"约束

"接触对齐"约束用来定位相同类型的两个对象，使它们重合、对齐或共中心(如图 13.29 所示)，这是最常用的约束。下面详细介绍该约束类型的 4 种约束方式。

(1) 首选接触。

选择"接触对齐"约束类型后，系统默认接触方式为"首选接触"，"首选接触"和"接触"属于相同的约束类型，即指定关联类型定位两个同类对象一致。

对于锥体，系统首先检查其角度是否相等，如果相等，则对齐轴线；对于曲面，系统先检验两个面的内外直径是否相等，若相等，则对齐两个面的轴线和位置；对于圆柱面，要求相配组件直径相等才能对齐轴线；对于边缘、线和圆柱表面，接触类似于对齐。

(2) 接触。

图 13.29   【接触对齐】约束

在"方位"下拉列表框中选择"接触"选项，选择用接触方式对组件进行配对，"接触"类型定义的两个同类对象要一致。

对于平面对象，它们共线且法线方向相反；对于圆锥面，系统首先检查其角度是否相等，如果相等，则对齐其轴线，若不相等，则会报错；对于圆柱面，要求配对组件直径相等才能对齐其轴线，若不相等，则会报错。

(3) 对齐。

在"方位"下拉列表框中选择"对齐"选项。使用对齐约束可对齐相关对象。当对齐平面时，使两个表面共面并且法线方向相同；当对齐圆柱、圆锥和圆环面等直径相同的轴类实体时，将使轴线保持一致；当对齐边缘和线时，将使两者共线。

(4) 自动判断中心/轴。

在"方位"下拉列表框中选择"自动判断中心/轴"选项。"自动判断中心/轴"用于约束两个对象的中心，使其中心对齐。

2) "同心"约束

"同心"约束是指两个组件的圆形边界或椭圆边界以中心重合，并使边界的面共面。在"类型"下拉列表框中选择"同心"选项，选中两个圆形中心即可达到约束效果。

3) "距离"约束

"距离"约束通过指定两个对象之间的最小距离来确定对象的位置。在"类型"下拉列表框中选择"距离"选项，然后在绘图区选择两个需要确定距离的面，输入距离值即可达到距离约束的效果。

4) "固定"约束

"固定"约束用于确保组件停留在适当位置且可以此组件为目标约束其他组件。

5) "平行"约束

"平行"约束定义两个对象的方向矢量为互相平行。选择需要约束的边或者面即可。

6) "垂直"约束

"垂直"约束定义两个对象的方向矢量为相互垂直。

7) "中心"约束

"中心"约束使一对对象中的一个或两个居中，或使一个对象沿另一个对象居中，从而限制组件在整个装配体中的相对位置。该约束方式包括多个子类型，各子类型的含义如下所述。

(1) 1 对 2。

"1 对 2"约束类型将相配组件中的一个对象中心定位到基础组件中的两个对称中心上。

(2) 2 对 1。

"2 对 1"约束类型将相配组件中的两个对象的对称中心定位到基础组件的一个对象中心位置处。

(3) 2 对 2。

"2 对 2"约束类型将相配组件的两个对象和基础组件的两个对象对称中心布置。

8) "角度"约束

"角度"约束用于定义两个对象之间的角度尺寸，以约束匹配的组件到正确的方向上。角度约束可以在两个具有方向矢量的对象间产生，角度是两个方向矢量的夹角，逆时针方向为正。

2. 组件编辑

组件添加到装配以后，可对其进行删除、属性编辑、抑制、阵列、替换、重新定位等编辑。

很多用 NX 创建的装配实际上是对称程度相当高的大型装配的一侧。使用镜像装配功能，用户仅需创建装配的一侧。镜像装配的操作步骤如下。

(1) 在"装配"选项卡中单击"镜像装配"按钮 ，或者选择"菜单"|"装配"|"组件"|"镜像装配"命令，弹出如图 13.30 所示的"镜像装配导向"对话框。

(2) 单击"下一步"按钮，然后在打开的对话框中选取待镜像的组件，其中组件可以是单个或多个。

(3) 单击"下一步"按钮，并在打开的对话框中选取基准面作为镜像平面。如果没有，可单击"创建基准面"按钮(见图 13.31)，然后选取创建的基准面作为镜像平面。

(4) 完成上述步骤后单击"下一步"按钮，即可在打开的对话框中设置镜像类型，可选取镜像组件，可单击"关联镜像体"按钮，将镜像指定为关联镜像体，将镜像指定为非关联镜像体，如图 13.32 所示。

(5) 设置镜像类型后，单击"下一步"按钮，弹出如图 13.33 所示的对话框。在该对话框中可指定各个组件的多个定位方式，选择"定位"列表框中的选项，系统将执行对应的定位操作，也可以多次单击"循环定位"按钮，查看定位效果，最后单击"完成"按钮即可获得镜像组件。

图 13.30　"镜像装配向导"对话框 1

图 13.31　"镜像装配向导"对话框 2

图 13.32　"镜像装配向导"对话框 3

图 13.33　"镜像装配向导"对话框 4

3. 创建组件阵列

在装配过程中，常常需要重复添加相同的组件，这时可通过组件阵列来创建和编辑一个组件的相关联阵列，以提高装配效率。阵列的组件将按照原组件的约束关系进行定位，可极大地提高产品装配的准确性和设计效率。

在"装配"选项卡中单击"阵列组件"按钮，或者选择"菜单"|"装配"|"组件"|"阵列组件"命令，系统弹出"阵列组件"对话框，然后在绘图区或装配导航器中选择要阵列的组件，如图 13.34 所示。其中提供了 3 种阵列方式，下面对常用的两种方式进行介绍。

1) 线性

设置线性阵列可用于创建一个二维组件阵列，即指定参照设置行数和列数创建阵列组件特征，也可以创建正交或非正交的组件阵列，创建正交或非正交的主组件阵列。

2) 圆形

设置圆形阵列同样可用于创建一个二维组件阵列，也可以创建正交或非正交的主组件阵列。与线性阵列的不同之处在于，圆形阵列是将对象沿轴线执行圆周均匀阵列操作。

4. 替换组件

在装配过程中，可选取指定的组件将其替换为新的组件。要执行替换组件操作，可选取要替换的组件，然后右击并选择"替换组件"命令，或者选择"装配"|"组件"|"替换

组件"命令，或者在"装配"选项卡中单击"替换组件"按钮，打开"替换组件"对话框，如图 13.35 所示。

在该对话框中单击"替换件"选项组中的"选择部件"按钮，在绘图区中选取替换组件，或单击"打开"按钮，指定路径打开该组件，或者在"已加载的部件"和"未加载的部件"列表框中选择组件名称。

指定替换组件后，展开"设置"选项组，该选项组中包含两个复选框，其含义如下。

● 维持关系：选中该复选框，可在替换组件时保持装配关系。它是先在装配中移去组件，并在原来位置加入一个新组件。系统将保留原来组件的装配条件，并沿用到替换的组件上，使替换的组件与其他组件构成关联关系。

● 替换装配中的所有事例：选中该复选框，则当前装配体中所有重复使用的装配组件都将被替换。

图 13.34 "阵列组件"对话框   图 13.35 "替换组件"对话框

5. 抑制组件

抑制组件是指在当前显示中移去组件，使其不执行装配操作。抑制组件时，NX 会忽略这些组件及其子组件的多个装配功能，而隐藏未加载的组件使用了这些功能，例如部件列表中的数量计数。如果要使装配将某些组件视为不存在，但尚未准备从数据库中删除这些组件，则可以使用抑制功能。

13.5 拓 展 练 习

试采用自顶向下的装配设计技术在组件中建立装配图形，每个元件的零件如图 13.36 所示，装配图形如图 13.37 所示。

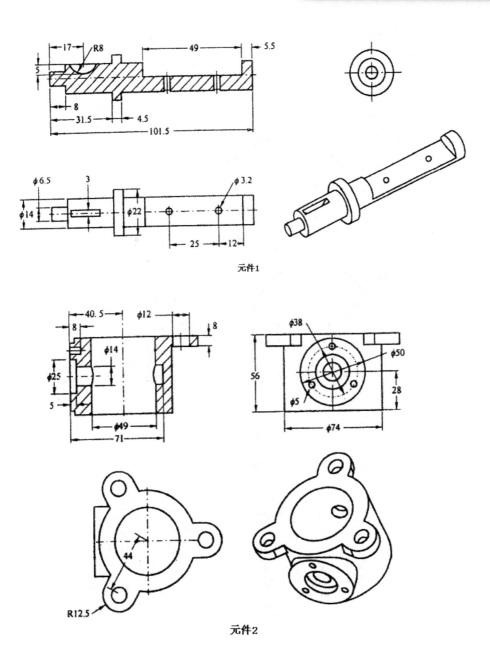

元件1

元件2

图 13.36   零件

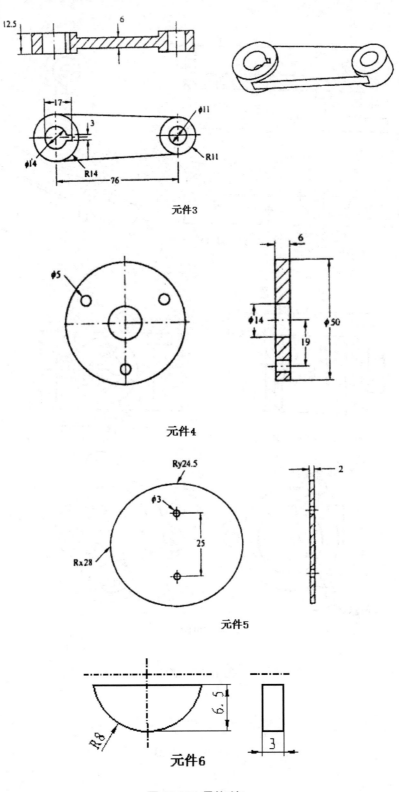

图 13.36 零件(续)

装配体

图 13.37 装配图